Mohamed Ibrahim

Estudos sobre a fortificação

Mohamed Ibrahim

Estudos sobre a fortificação

De produtos de panificação

ScienciaScripts

Imprint

Cover image: www.ingimage.com

This book is a translation from the original published under ISBN 978-3-659-83289-5.

Publisher:
Sciencia Scripts
is a trademark of
Dodo Books Indian Ocean Ltd. and OmniScriptum S.R.L publishing group

120 High Road, East Finchley, London, N2 9ED, United Kingdom
Str. Armeneasca 28/1, office 1, Chisinau MD-2012, Republic of Moldova, Europe
Printed at: see last page
ISBN: 978-620-8-27030-8

ÍNDICE DE CONTEÚDOS

AGRADECIMENTOS

Antes de mais, sinto-me sempre em dívida para com DEUS, o mais benéfico e misericordioso.

Gostaria de exprimir a minha profunda gratidão ao Prof. Dr. Hanafy Abd - EL Aziz Hashem, Professor de Ciência e Tecnologia Alimentar, Faculdade de Agricultura, Universidade de Al-Azhar, pelo seu contínuo encorajamento e supervisão ao longo deste estudo.

Dr. Foad Ali Abd - EL-Geleil EL-Sherefa, Diretor de Investigação de Tecnologia Alimentar, Investigação, Instituto, pela sua supervisão e ajuda durante esta tese. Gostaria de expressar a minha profunda gratidão ao Prof. Dr. Mohammed Shathat Salem, professor de ciência e tecnologia alimentar da Faculdade de Agricultura da Universidade de Al-Azhar, pelo seu contínuo encorajamento e supervisão ao longo deste estudo.

LISTA DE ABREVIATURAS

A.W.R.C	alkaline water retention of pan bread
B.U.	Brabender unit
C	Centigrade
Cm	Centimeter
E	extensibility (mm)
FAO	Food and Agriculture Organization
g	Gram
Hr.	Hour
L.S.D	less significant difference
M	Molar
mg	Millgram
Min.	Minute
ML	Microliter
ml	Milliter
mm	Millimeter
N	Normal
Nm	Nanometer
R	resistance to extension (B.U.)
R.D	Rate of decrease
R/E	proportional number
Rpm	Round per minute
Sc	Second
V	Volume
W	Weight
WHO	World health organization

1. INTRODUÇÃO

Os produtos de panificação, como o pão de forma (tostas), os bolos e as bolachas, são alimentos que agradam a todas as pessoas. O trigo é um cereal importante porque pode ser utilizado para a preparação de muitos produtos de panificação. Devem ser utilizadas e incorporadas outras fontes para além do trigo para reduzir a quantidade de trigo importado. Por outro lado, foram feitos grandes esforços para aumentar a quantidade disponível de farinha de trigo, especialmente a produzida localmente.

Além disso, a utilização de outras matérias-primas na transformação de produtos de panificação tem sido tentada para ultrapassar parte desse problema. Estas matérias-primas podem incluir diferentes fontes de farinha (cereais, leguminosas e tubérculos).

A mandioca (Manihot esculenta), um alimento básico para mais de 500 milhões de pessoas, incluindo a Ásia, é um importante alimento

cultura de segurança **(charles *et al.*, 2005,b).**

A mandioca é um arbusto lenhoso da família Eurphorbuaceae (família das esporas) que é extensivamente cultivado como cultura anual em regiões tropicais e subtropicais pelas suas raízes tuberosas amiláceas comestíveis, uma importante fonte de hidratos de carbono, principalmente sob a forma de amido. É a fonte mais importante de calorias na dieta humana nas regiões tropicais do mundo e é consumida numa grande variedade de explorações agrícolas. A mandioca é originária das Américas, embora o centro exato de origem seja contestado, tendo sido sugerido o norte do Brasil, o norte da

Colômbia, a Venezuela, o Paraguai e o sul do México. A mandioca foi levada por comerciantes espanhóis e portugueses para África, Índia e Sudeste Asiático nos séculos XVI e XVII, mas só se difundiu em África no final do século XIX. Atualmente, é cultivada em quase todos os países tropicais e subtropicais, sendo os principais produtores a Tailândia, a Indonésia, a Índia, o Brasil, o Zaire e a Nigéria. A mandioca foi aceite numa vasta gama de sistemas agrícolas e alimentares devido à sua tolerância aos solos pobres e às condições climáticas adversas **(Enciclopédia, 1993).** A produção mundial de raízes de mandioca foi estimada em 184 milhões de toneladas em 2002, sendo a maior parte da produção em África, onde foram cultivadas 99,1 milhões de toneladas, 51,5 milhões de toneladas na Ásia e 33,2 milhões de toneladas na América Latina e Caraíbas.As raízes não podem ser consumidas cruas, uma vez que contêm glucósidos cianogénicos livres e ligados, que são convertidos em cianeto na presença de linamarase, uma enzima que ocorre naturalmente na mandioca, pelo que têm de ser transformadas para reduzir o teor de ácido cianídrico para o nível seguro (10 ppm), tal como indicado pela **FAO/OMS, 1991 (Enciclopédia, 2006)**.

Objetivo do inquérito :

Este inquérito foi efectuado para estudar os principais pontos seguintes.

1. Estudo do efeito do método de imersão e de secagem em estufa na redução do teor de ácido cianídrico para um nível seguro.
2. Utilização de diferentes níveis de farinha de mandioca (10, 20, 30, 40 e 50 %) para produzir alguns produtos de panificação, como pão de forma, cupcake e biscoito.
3. Estudo da composição química das matérias-primas.
4. Estudo do efeito da adição de diferentes níveis de farinha de mandioca nas propriedades reológicas de massas compostas de farinha de trigo e mandioca.
5. Estudar o efeito da mistura de farinha de mandioca com farinha de trigo nas propriedades físicas, na avaliação sensorial e na composição química dos produtos de panificação produzidos, bem como o seu efeito na taxa de endurecimento do pão de forma e do cupcake.

2. REVISÃO DA LITERATURA

1. Utilização de tubérculos de mandioca na indústria alimentar.

Gaouar *et al.*, **(1998)** estudaram a produção de xarope de maltose por bioconversão de amido de mandioca num reator de membrana de ultrafiltração pelas enzimas maltogenase e promozyme em várias condições. Eles relataram que. As membranas de corte de peso molecular de 50 KD a deram os resultados mais aceitáveis em termos de fluxo de permeado e teor de maltose.

Lyons *et al.* **(1999)** estudaram a influência da adição de proteínas de soro de leite, géis de carragenina e amido de mandioca nas propriedades texturais de salsichas de porco com baixo teor de gordura. Segundo os autores, a adição de 8-10% de proteínas de soro de leite concentradas, 1,5-2% de carragenina e 1,5-2% de amido de mandioca melhorou a textura final das salsichas com baixo teor de gordura sem provocar uma textura de bolo

Sriroth *et al.*, **(2000)** indicaram que o tubérculo de mandioca pode ser utilizado em várias indústrias alimentares na Tailândia, sendo as principais utilizações a produção de amido, a produção de batatas fritas, os edulcorantes (frutose, xarope de glucose, dextrose mono-hidratada, dextrose anidra e sorbitol provenientes de fábricas de amido), a indústria de pellets de mandioca e a produção de ácido cítrico (através da polpa de mandioca utilizada).

Babajide *et al.* **(2001)** estudaram a formulação de alimentos de desmame usando farinha de mandioca fortificada com soja germinada torrada, com e sem adição de 10% de farinha de sorgo maltado e a avaliação nutricional das formulações foi efectuada usando ratos albinos desmamados com 4-5 semanas de idade, com cerelac (um alimento comercial de desmame à base de leite de milho) como dieta de controlo.Foram estudados a taxa de crescimento, os valores de digestibilidade, o valor biológico, os valores NPU e o peso do intestino delgado, do pâncreas, do fígado e do coração dos ratos, tendo-se concluído que os produtos de mandioca podem ser potencialmente utilizados na preparação de alimentos de desmame com qualidade comparável à das marcas comerciais disponíveis.

Ghofar e kokugan , (2005) estudaram a produção de ácido L-lático a partir de raízes de mandioca frescas, polvilhadas com resíduos líquidos de tofu, por Streptococcus bovis em comparação com o meio padrão (contendo glucose). Relataram que as propriedades de fermentação das raízes de mandioca frescas eram mais elevadas do que as da glucose porque o S bovis num meio que contém amido de mandioca tem mais atividade de amilase do que num meio que contém glucose.

A Enciclopédia, (2006) mostrou que os tubérculos de mandioca são utilizados numa grande variedade de pratos. A raiz macia cozida tem um sabor delicado e pode substituir a batata cozida em muitas utilizações: como acompanhamento de pratos de carne. Frita (depois de fervida ou cozida a vapor), pode substituir as batatas fritas, com um sabor distinto. A farinha de mandioca também pode substituir a farinha de trigo, e isso - utilizada por algumas pessoas com alergias a outros cereais. A tapioca e o foufo são feitos a partir da farinha de raiz de mandioca rica em amido. As pérolas de tapioca Boba são feitas a partir desta raiz. Muitos alimentos eram preparados a partir do tubérculo da mandioca, como os bolos de panela e a bebida caxiri na América pré-colombiana, o pirão (pedaços de peixe com farinha de mandioca) no Brasil, a llajwa (mandioca frita com óleo) na Bolívia, o garii (mandioca fermentada e frita) em África, o sagu (mandioca com peixe e carne) na Índia, o peuyeum e a fita (uma pasta doce) na Indonésia.

Charles *et al.*, (2007) estudaram os extractos de amido e mucilagem do tubérculo de mandioca doce que foram incorporados na mistura composta de farinha de trigo e amido de mandioca para fazer massa chinesa. Os autores referiram que as massas de trigo que continham amido de mandioca apresentavam melhores atributos de textura, forças de corte e de mordedura, especialmente forças de tração, do que as massas de controlo.

2. Composição química dos principais materiais utilizados no fabrico de produtos de panificação:

2.1. Farinha de trigo, 72 extracções.

Vários investigadores estudaram a composição química da farinha de trigo com 72% de extração.

El Badrawy (1994) estudou a composição química da farinha de trigo (72% de extração) e verificou que esta contém 84,35% de hidratos de carbono totais, 13,11% de proteínas, 1,51% de gorduras, 0,41% de fibras e 0,62% de cinzas. % de fibra e 0,62 % de cinzas.

Abedel Kader, (1995) descobriu que a farinha de trigo (taxa de extração de 72%) continha proteína bruta, gordura, cinzas, fibra e hidratos de carbono totais em 11,06, 1,16, 0,39, 0,11 e 87,28 %, respetivamente.

Masoud, (1997) descobriu que a farinha de trigo (72% de extração) contém 12,5% de humidade, 12,6% de proteínas, 0,63% de fibras, 0,48% de cinzas, 0,43% de açúcares redutores, 0,60% de açúcares solúveis e 86,20% de hidratos de carbono totais.

Hussein, (1998) relatou que os teores de humidade, proteína bruta, gordura, cinzas e hidratos de carbono totais da farinha de trigo eram: 11,10% , 11,4% , 0,78% , 0,55% e 75,47% (com base no peso seco); respetivamente.

El Sokary, (2000) descobriu que a farinha de trigo (72% de extração de rato) continha proteína bruta, gordura, cinzas, fibra e hidratos de carbono totais em 11,75, 0,80, 0,57, 0,75 e 86,13%;
respetivamente.

Doweidar, (2001) estudou as caraterísticas químicas das farinhas de trigo duro e mole. Verificou-se também que, a proteína bruta, os hidratos de carbono totais, a gordura, as cinzas e a fibra bruta eram: 11,57 e 8,97,86,29 e 89,21 , 0,84 e 0,67,0,56 e 0,44,0,74 e 0,71 %; respetivamente.

Ismail (2002) determinou a composição química da farinha de trigo (72 % de extração), que era: proteína bruta 11,95 %, extrato etéreo 1,28 %, hidratos de carbono totais 79,93 % e cinzas 1,16 %, respetivamente.

Barakat (2003) relatou que a farinha de trigo contém: 10,44 %, 2,08 %, 0,43 %, 3,10 % e 83,95 % de proteínas, extrato etéreo, cinzas, fibras alimentares e hidratos de carbono (em base de peso seco); respetivamente.

Assem *et al.*, (2004) determinaram a composição química da farinha de trigo (72% de extração), na qual a proteína bruta, cinzas, extrato etéreo, fibra bruta e hidratos de carbono totais eram 12,92, 0,55, 1,02, 0,61 e 84,90%, respetivamente.

Omar, (2005) mencionou que a farinha de trigo (72% de extração) continha 84,50% de hidratos de carbono totais, 3,40% de açúcares totais, 1,09% de açúcares redutores, 2,31% de açúcares não redutores e 76,39% de amido.

Uysal *et al.*, (2007) estudaram a composição química da farinha de trigo e relataram que os teores de humidade, proteína bruta, gordura bruta e cinzas eram: 14,21, 8,53, 1,55 e 0,58 %; respetivamente.

2.1.1. Minerais da farinha de trigo Extração a 72 %:

El Gebaly, (1988) verificou que o conteúdo mineral da farinha de trigo (72 % de extração) era o seguinte: 1.24,0.50 , 1.04,48 .06 , 218.77, 11.50, 178.37,0.67 e 20.16 mg 1100g, para. Fe, Cu, Zn, Ca, k, Na, Mg, Mn e P; respetivamente .

Abo Zeid, (1998) referiu que os teores de minerais (Ca, k, P, Na, Mg, Mn, Zn e Fe) da farinha de trigo com 72% de extração eram: 26,70, 122,30, 83,10, 3,40, 127,80, 1,50, 0,30 e 0,70 mg/100 g, respetivamente.

Kassim (2002) estudou os teores minerais das farinhas de trigo branco mole e de trigo vermelho duro de inverno. Verificou também que Mg, Na, Zn, Mn, Fe, Ca, k, Cu eram: 22,58; 21,67, 2,97; 3,85, 0,73; 1,10, 0,40; 00,0, 1,64; 2,26, 30,0; 20,54, 203,20; 134,80, 0,34 e 0,42 mg/100 g respetivamente.

Bedier (2004) estudou o conteúdo mineral da farinha de trigo 72% e relatou os seguintes valores. 93,94 Ca , 61,95 k , 130,43 Na , 62,24 Mg , 6,19 Mn , 4,28 Zn , 2,97

Cu e 3,26 Fe (mg 1100 g) .

2.2. Farinha de mandioca:

Saleh, (1993) referiu que a composição química de um tubérculo de mandioca difere consoante a variedade, a fase de crescimento, o período de armazenamento e o método de secagem. Foi igualmente indicado que a análise das raízes de mandioca (com base na matéria seca) variava entre 1,60 e 2,10 % de proteínas, 0,60 e 0,89 % de gorduras, 0,70 e 0,92 % de cinzas, 2,30 e 3,91 % de fibras, 4,1 e 5,70 % de açúcares totais e 75,30 e 82,0 % de amido.

Zaki, (1995) mostrou que as farinhas de tubérculos de mandioca contêm 4,39 % de proteínas brutas, 4,21 % de fibras brutas, 1,42 % de extrato etéreo e 4,15 % de cinzas.

Mobarak (1995) estudou a composição química da farinha de mandioca e concluiu que contém 11,82 % de humidade, 2,98 % de proteínas, 2,08 % de gorduras, 4,96 % de fibras, 2,84 % de cinzas, 1,50 % de açúcares redutores, 3,07 % de açúcares não redutores, 4,58 % de açúcares totais e 75,32 % de hidratos de carbono totais.

Khalil *et al.*, (2000) descobriram que a humidade, a proteína bruta, a gordura bruta, a fibra bruta, as cinzas e o teor de hidratos de carbono da farinha de mandioca eram: 115,0, 11,50, 13,0, 26,0, 15,30 e 819,20 (91kg de peso húmido), respetivamente.

Oboh e ainanansi, (2003) mencionaram que a proteína, hidratos de carbono, gordura, cinzas e fibra bruta da farinha de mandioca eram: 4,40 %, 85,70 %, 3,60 %, 2,10 e 3,80 %, respetivamente.

An *et al.*, (2004) determinaram a composição química da farinha de tubérculos de mandioca, que era proteína bruta 2,90%, extrato etéreo 1:90% e fibra bruta 3,20%, respetivamente.

Charles *et al.*, (2005, a) estudaram os valores da análise proximal de cinco tipos de cassva, relataram que a humidade, a proteína bruta, o lípido bruto, a fibra bruta e as cinzas variaram de 9,20 a 12,30, 1,20 a 1,80, 0,10 a 0,80, 1,50 a 3,50 e 1,30 a 2,80 %, respetivamente.

Padonou ***al et*.**, **(2005)** estudaram as caraterísticas químicas das farinhas de tubérculos de mandioca doce e amarga. Encontraram farinha que a proteína, açúcares totais, fibra e lípidos eram: 2,62 e 3,23, 2,19 e 5,46, 3,99 e 3,24, 0,56 e 0,57 %, respetivamente.

Aryee ***et al.*****, (2006)** relataram que as farinhas de mandioca contêm: 11,75 %, 1,85 % .1,75 % e 1,54 % para humidade, cinzas, proteínas e fibras (em base de peso seco), respetivamente.

2.2.1. Minerais da farinha de mandioca.

Mobarak, (1995) estudou o conteúdo mineral da farinha de mandioca e registou os seguintes valores 83,50 para Ca, 0,00 para K, 7,50 para Na e 11,50 para Fe (mg / 100g).

Chavez ***et al.*****, (2000)** descobriram que o conteúdo mineral de alguns genótipos de amostras de raízes de mandioca variou de 7,70 a 12,60 mg Fe, 0,80 a 3,20 mg Mn, 1,40 a 3,0 mg Cu, 4,40 a 8,60 mg Zn, 379,0 a 945,0 mg Mg, 25,8 a 173,1 mg Na, 10,10 a 7,57 mg K e 1,01 a 1,55 mg P / kg de peso seco.

Oboh e ainanansi, (2003) descobriram que o conteúdo mineral de Zn, Mg, Fe, Ca, Na e K na farinha de mandioca era de 13,10, 43,10, 26,0, 61,60, 43,80 e 49,80 (mg / 100g), respetivamente.

Charles ***et al.*****, (2005,a)** mostraram a distribuição de minerais na farinha de mandioca da seguinte forma : Fe variou de 29.0 a 40.0, Cu de 0.037 a 0.05 7, Zn de 13.0 a 19.0 , Mg de 31.0 a 43.0, Mn de 0.31 a 3.50, K de 324.0 a 554.0 e Na de 36.o a 50.0 mg/ 100 g.

3. Teor de ácido cianídrico em raízes de mandioca.

A mandioca *(Manihot esculenta*) é uma planta amplamente cultivada nas regiões tropicais e uma valiosa fonte de calorias de baixo custo. Estas plantas contêm níveis variáveis de glucósidos cianogénicos, principalmente sob a forma de linamarina e, em menor grau, de lotaustralina, presentes nas folhas e nas raízes da planta. Várias técnicas de transformação da mandioca são aplicadas para reduzir o teor de ácido cianídrico para o nível seguro de 0 mg HCN/Kg de farinha, tal como referido pela **FAO/OMS, (1991).**

Saleh (1993) indicou que o teor de ácido cianídrico dos tubérculos de mandioca varia consoante a variedade, de 3,20 a 10,0 mg HCN/100g, o estádio de crescimento, de 9,30 a 10,30 mg HCN/100g, o período de armazenamento, de 3,55 a 3,70 mg HCN/100g, e o método de secagem, de 3,20 a 2,90 mg HCN/100 g.

Muzanila *et al.*, (2000) estudaram os cianogénios residuais na farinha de mandioca por fermentação húmida e métodos de secagem ao sol. Descobriram que a fermentação húmida era muito eficaz na redução do teor de cianogénios em variedades amargas, enquanto a secagem ao sol era muito mais eficaz em variedades doces.

Hillocks *et al.*, (2002) referiram que todos os órgãos da mandioca, exceto as sementes, continham glucósido cianogénico e que as variedades de mandioca foram classificadas como doces ou amargas, o que significa a ausência ou a presença de níveis tóxicos de glucósido cianogénico; as cultivares com < 100 mg/kg (peso fresco) foram designadas "doces", enquanto as cultivares com 100-500 mg/kg foram designadas "amargas". O glucósido cianogénico mais abundante foi a linamurina (93%) com uma quantidade menor de lotaustralina (7%) e o teor total de glucósido cianogénico dependeu da cultivar, das condições ambientais, das práticas culturais e da idade da planta. A linamarina foi sintetizada na folha e transportada para as raízes, sendo decomposta pela enzima linamarase, também presente nos tecidos da mandioca. A linamarina é hidrolisada no cetão correspondente (acetona ciano-hidrina) e na glucose pela enzima endógena B-glucosidase (linamarase), sendo a ciano-hidrina também decomposta por uma enzima denominada hidroxinitrilase em acetona e HCN, um veneno volátil. Fig (1).

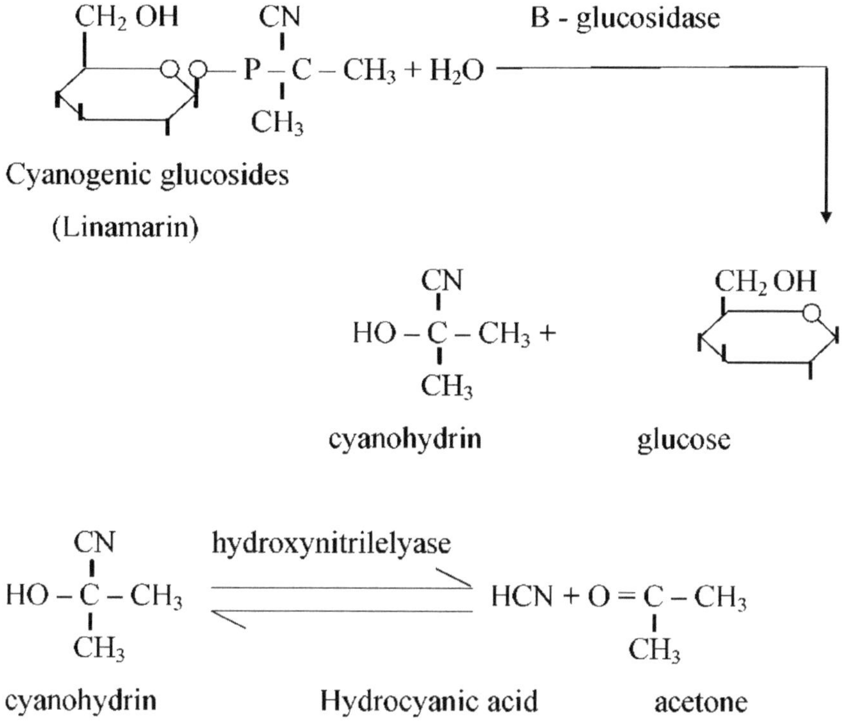

$$\text{Linamarin} + H_2O \xrightarrow{\beta\text{-glucosidase}} HO-C(CN)(CH_3)-CH_3 + \text{glucose}$$

Cyanogenic glucosides

(Linamarin)

cyanohydrin glucose

$$HO-C(CN)(CH_3)-CH_3 \underset{}{\overset{\text{hydroxynitrilelyase}}{\rightleftharpoons}} HCN + O=C(CH_3)-CH_3$$

cyanohydrin Hydrocyanic acid acetone

Fig.1. A decomposição enzimática da Linamarina.

Oboh e ainanansi, (2003) descobriram que o teor de cianeto da farinha de mandioca não fermentada era de 21,0 mg\kg, enquanto a farinha de mandioca fermentada era de 9,50 mg\kg. Mostraram que a levedura de padeiro era capaz de utilizar glucósidos cianogénicos e os produtos de fermentação que reduziam o nível de cianeto.

Obilie *et al.*, (2004) descobriram que os glucósidos cianogénicos de mandioca fresca, mandioca ralada com inóculos, massa fermentada, puré de mandioca húmido e farinha de mandioca seca eram: 66,60, 42,20, 0,0, 0,0 e 0,0 (mg CN\kg de peso seco).

Okafor, (2004) estudou o teor total de cianeto de alimentos de mandioca, gari branco, gari vermelho, flocos de mandioca, lafun e fofo. Verificaram que o teor total de cianeto era de: 0,76, 0,68, 0,82, 0,92 e 0,88 (mg/100g) e referiram que os produtos de mandioca (especialmente o gari) eram seguros para consumo humano e, por conseguinte, a sua produção e consumo deveriam ser incentivados.

Charles *et al.*, (2005,a) estudaram o teor de cianeto de hidrogénio de cinco genótipos de mandioca. Verificaram que o teor de cianeto de hidrogénio variava entre 8,33 e 28,80 mg HCN/kg e que o teor de HCN em vários produtos de mandioca (contendo farinha de mandioca) variava entre 6,0 e 15,0 mg HCN/kg.

Padonou *et al.*, (2005) verificaram que a média do teor de ácido cianídrico das variedades doces de raízes de mandioca era de 10,50 mg HCN/kg, enquanto a média das variedades amargas era de 11,10 mg HCN/kg.

Aryee *et al.*, (2006) mencionaram que o teor de ácido cianídrico de 31 variedades de amostras de farinha de mandioca variava entre 0,26 e 9,72 mg /100 g de farinha.

Cumbana *et al.*, (2007) estudaram as amostras de farinha de mandioca embebidas com maior teor de cianeto em água durante cinco horas a 30^0 C. Constataram que a percentagem média de retenção de cianeto foi reduzida para 16,17%.

4. As caraterísticas reológicas da massa de farinha de trigo e da massa de farinha composta .

4.1. Caraterísticas reológicas da massa de farinha de trigo .

Daftary *et al.*, (1970) referiram que a absorção de água e o tempo de mistura da farinha de trigo diferem consoante a variedade de trigo.

Pomeranz, (1971) verificou que o teor de gliadina tem um efeito no volume do pão, enquanto a glutenina tem um efeito no desenvolvimento da massa e no tempo de mistura. Foi também referido que outros factores podem afetar a qualidade da panificação, como a interação da proteína do glúten com as pentosanas, os glucolípidos e as glicoproteínas.

Unver e domolds, (1976) encontraram uma correlação positiva significativa entre a absorção de água e o teor de proteínas.

Mousa *et al.*, (1979) estudaram o efeito de diferentes extracções de farinha de trigo duro vermelho de primavera e de inverno nas propriedades reológicas; descobriram que a absorção do farinógrafo aumentava com o aumento da taxa de extração.

Ewart, (1980) afirmou que a gliadina na farinha de trigo actua como plastificante para a glutenina e solubiliza a glutenina.

Ibrahim *et al.*, (1983) estudaram as caraterísticas reológicas das fracções de farinha de trigo vermelho americano e de trigo branco australiano. Encontraram uma grande variedade de caraterísticas que estavam relacionadas com o tamanho das partículas de farinha. Um aumento da viscosidade, da absorção de água e do tempo de mistura foi concomitante com a diminuição do tamanho das partículas de farinha até ao limite mínimo.

Cheftel *et al.*, (1985) mencionaram que a capacidade dos ingredientes proteicos para absorver e reter água desempenha um papel importante no desempenho da textura de vários ingredientes. A absorção de água sem dissolução de proteínas resultou em inchaço e irá importar caraterísticas como a viscosidade da massa.

Posner e Deyoe, (1986) relataram que a absorção de água da farinha patenteada, caracterizada por farinógrafo, era de 52-58%.

Chen *et al.* (1988) referem que a fibra aumenta a absorção de água da farinha de trigo, o que pode dever-se à forte capacidade de ligação da fibra à água, mas o tempo de mistura pode aumentar devido à diluição do glúten e à dificuldade de misturar a fibra com a farinha de trigo.

Fazivr e Ali, (1991) estudaram as propriedades do farinograma da farinha de trigo (72% de extração). Revelaram os seguintes dados: a absorção de água foi de 65,5 %, o tempo de desenvolvimento da massa foi de 6.5 min, o tempo de chegada foi de 1,5 min e o amolecimento da massa foi de 45 B. U.

Shafek, (1992) estudou o efeito da extração da farinha de trigo e do tamanho das partículas nos valores dos dados do Farinógrafo. Foi também indicado que a absorção de água, o tempo de chegada e o tempo de mistura aumentavam com o aumento da taxa de extração da farinha. No entanto, a estabilidade da massa, o tempo de desenvolvimento e o tempo de partida diminuíram com o aumento da taxa de extração da farinha.

Larsson, (1993) descobriu que as propriedades reológicas e o desempenho de panificação da farinha dependem muito do seu conteúdo de proteínas de armazenamento (prolaminas e gluteninas).

Morgan e Williams, (1995) afirmaram que os grânulos de amido danificados são um fator importante nas indústrias de moagem e panificação, uma vez que são mais susceptíveis ao ataque da amilase e têm maior capacidade de se ligar à água.

Compos *et al.*, (1997) estudaram as propriedades reológicas da farinha de trigo vermelho duro de inverno e da farinha de trigo branco mole. Verificaram que a absorção de água (%), o tempo de chegada (min), o tempo de desenvolvimento da massa (min), o tempo de estabilidade (min) e a tolerância à mistura (B. U.) eram 59,8 e 54,8 % , 1,25 e 0,75 min , 2,5 e 1,25 min , 10,0 e 2,75 min , 40 e 140 B.U., respetivamente .

Borneo e Khan, (1999) estudaram os parâmetros farinográficos de quatro cultivares de trigo duro vermelho de primavera. Verificaram que a absorção de água, o desenvolvimento e a estabilidade da massa eram de 64,50, 58,90, 66,50 e 66,70 %, 9,10, 5,50, 6,30 e 7,40 min e 14,10, 9,20, 8,80 e 9,60 B. U, respetivamente.

Betty *el al.*, (2000) estudaram a reologia da massa de farinha de trigo mole, verificaram que o desenvolvimento da massa foi de 4,2 min, a altura do pico foi de 5,25 cm e o tempo de mistura foi de 4,4 min e a energia da massa foi de 46 cm^2 através do teste do Farinógrafo.

Asad, (2001) constatou que a absorção de água atingiu 58,6%, o tempo de mistura 1,0 min, o tempo de chegada 2,0 min, a estabilidade 6,0 min, o enfraquecimento da massa 125 mm, a extensibilidade 125 mm, a resistência à extensão foi de 320 B. U proporção No. 2.6 e a energia foi de 88 cm .^{2}

Abd El Hamid (2002) referiu que os dados do farinograma e do extensor de diferentes variedades de farinhas vermelhas macias de inverno e de farinhas vermelhas duras de inverno, a absorção de água era de 51,0 e 55,8 %, tempo de chegada 0,5 e 1,0 min, tempo de desenvolvimento 1,5 e 2,0 min, estabilidade da massa 3,5 e 2,0 min, grau de enfraquecimento 115 B.U., resistência à extensão 480 e 490 U.B., extensibilidade 145 e 153 mm, proporcionalidade n.º 1,24 e 3,21 r \ e e energia 33 e 81 cm^2 , respetivamente.

Bedeir, (2004) estudou os parâmetros farinográficos e extensográficos da farinha de trigo a 72, 82 e 100 % de taxa de extração. Verificou-se também que a absorção de água foi de 56,9, 58,8 e 79,4 %, o tempo de chegada foi de 1,0, 1,0 e 1,0 min, o tempo de desenvolvimento foi de 1,5, 1.5 e 1,5 min, estabilidade 3,0, 2,5 e 1,5 min, levedação da massa 105, 130 e 170 B. U., resistência à extensão 420, 355 e 210 B. U., extensibilidade 125, 110 e 6,5 mm, número proporcional 3,36, 3,23 e 3,23 R \ E e energia 48,0, 44 e 24 cm^2 .

Abd elazim , (2007) estudou as propriedades reológicas da farinha de trigo (72 % de extração) através de parâmetros farinográficos. Foi também indicado que a absorção de água 63,8 %, tempo de chegada 2,0 min, tempo de desenvolvimento 2,5 min, estabilidade 3,0 min e grau de enfraquecimento 100 B . U.

4.2. Caraterísticas reológicas da massa de farinha composta.

Ciacco e D' Appolonia, (1978) estudaram a adição de níveis variáveis de farinha de mandioca à farinha de trigo duro vermelho de primavera, nas propriedades reológicas da massa. Verificaram que a absorção de água, o tempo de chegada e o tempo de desenvolvimento da massa aumentavam com o aumento do nível de farinha de mandioca, enquanto a estabilidade da massa diminuía com o aumento do nível de farinha de mandioca. Os dados da extensografia mostraram uma redução da extensibilidade da massa, da resistência à extensão e do número proporcional com níveis crescentes de farinha de mandioca.

Olatunji, e Akinrele, (1978) estudaram a adição de 10, 20 e 30 % de farinha de mandioca à farinha de trigo no Farinógrafo e Extensógrafo. Verificaram que a absorção de água aumentava com quantidades crescentes de farinha de mandioca, enquanto o tempo de desenvolvimento da massa e a estabilidade diminuíam. A área da massa e a extensibilidade diminuíram, enquanto a resistência e o número proporcional aumentaram com o aumento da farinha de mandioca nas misturas.

Almazan, (1990) estudou a produção de massa a partir de farinhas compostas de trigo e mandioca e registou um aumento de 2,5% de água por cada 10 % de aumento de farinha de mandioca.

Defloor ***et al.*****, (1993)** estudaram a adsorção óptima de água e o tempo de mistura da massa de trigo - farinha de mandioca com níveis de substituição de 15 e 30 %. Verificaram que a adição de farinha de mandioca tornava a massa mais tolerante à mistura e que os tempos de mistura necessários para a trabalhabilidade da massa de farinha de mandioca eram superiores aos necessários para a massa de farinha de trigo e acrescentaram que a farinha de mandioca não tinha influência na absorção óptima de água, mas o tempo de mistura ótimo aumentava em ambos os níveis de substituição.

Mobarak, (1995) estudou o efeito da substituição da farinha de trigo por farinha de mandioca a níveis de 5, 10 e 15 % em testes de farinografia e extensografia. Verificou que a absorção de água, o índice de tolerância e o enfraquecimento da massa aumentavam com a adição de farinha de mandioca à farinha de trigo e que este aumento era proporcional à percentagem de adição de farinha de mandioca, explicando-se este aumento pela diferença de granularidade, enquanto a massa apresentava uma diminuição do tempo de mistura e da estabilidade. Acrescentou-se ainda que a resistência à extensão (elasticidade) e o número proporcional aumentaram com a adição de farinha de mandioca, o que pode dever-se à ausência de gliadina na massa de farinha de mandioca. A energia da massa também diminuiu com o aumento da adição de farinha de mandioca, o que pode ser devido ao enfraquecimento da rede de glúten. Apenas com 50 % de adição de farinha de mandioca, a energia foi superior à da massa de farinha de trigo.

Khalil *et al.*, (2000) indicaram que a substituição parcial da farinha de trigo por farinha de mandioca reduziu a absorção de água, sendo esta redução mais pronunciada a 30, 40 e 50 % dos níveis de substituição. O tempo de mistura das farinhas compostas de trigo e mandioca aumentou com o aumento do nível de farinha de mandioca, especialmente a 30, 40 e 50 % de substituição. A estabilidade da massa da farinha composta trigo - mandioca foi superior à da farinha de trigo (taxa de extração de 72 e 82%), e a força das farinhas compostas trigo - mandioca com níveis de substituição de 20, 30, 40 e 50% de mandioca foi superior à da farinha de trigo (taxa de extração de 72%). Indicaram que a substituição parcial da farinha de trigo por farinha de mandioca aumentou o enfraquecimento da massa em comparação com o controlo.

5. taxa de estagnação.

5.1. taxa de endurecimento do pão.

O endurecimento do pão refere-se a todas as alterações que ocorrem no pão após a sua secagem. A mudança ocorre tanto no miolo como na côdea do pão. O aumento da firmeza do miolo foi provavelmente o mais utilizado pelos investigadores após o endurecimento do pão.

Kim e D' Appolonia (1977) afirmaram que o teor de proteínas do pão ou dos géis à base de amido é importante para as alterações durante a armazenagem. Observaram que um teor mais elevado de proteínas resulta frequentemente numa taxa de estufagem mais baixa. As proteínas afectam o processo de endurecimento de várias formas. Influenciam diretamente o processo de cristalização do amido e a distribuição da água.

Pomeranz, (1978) referiu que, durante a cozedura, os grânulos de amido de trigo sofrem um inchaço restrito, limitado pela quantidade relativamente pequena de água presente. Durante esta fase, uma parte da amilase dissolve-se e difunde-se dos grânulos para a fase aquosa circundante. No pão arrefecido, a solução que contém as moléculas de amilose forma uma estrutura de gel. Assim, o pão fresco normal é constituído por grânulos de amido inchados, embebidos num gel firme da fração linear. Foi igualmente referido que não parecem ocorrer alterações na rede de gel e que o endurecimento durante o armazenamento parece resultar do endurecimento do miolo devido à retrogradação das moléculas de amilopectina nos grânulos de amido inchados.

Maleki *et al.*, (1980) sugeriram que o teor de proteínas afecta a suavidade e a taxa de envelhecimento. Diferentes farinhas envelhecem a ritmos diferentes, e a qualidade da proteína parece ser responsável por essas diferenças. Além disso, o glúten foi a principal fração responsável pela diferença na taxa de envelhecimento.

D' Apollonia e Morad, (1981) estudaram o empedramento do pão e concluíram que, no entanto, o empedramento do pão se refere a todas as alterações que ocorrem no pão após o seu armazenamento, tanto no miolo como na côdea do pão. Estas alterações incluem a firmeza do miolo, a perda de sabor, a diminuição da capacidade de absorção de água, a quantidade de amido solúvel, a suscetibilidade do amido às enzimas e o aumento do amido cristalino.

Attia, (1986) referiu que as caraterísticas do pão que têm as notas mais elevadas pelos consumidores são o bom sabor, a frescura e a qualidade de conservação. O bom sabor depende do método de fabrico do pão, bem como dos ingredientes utilizados na sua produção. O sal, a levedura e a água são alguns dos ingredientes que têm uma influência substancial no sabor do pão. Verificou-se também que, durante as primeiras horas após a cozedura, o pão envelhece rapidamente e o amido mole torna-se mais firme, o miolo torna-se seco e duro e a côdea transforma-se em couro. Finalmente, o pão perde a sua palatabilidade e torna-se inaceitável para o consumidor. Consequentemente, um grande número de pães de forma são considerados resíduos e são utilizados na alimentação animal. Os desperdícios de pão podem ser evitados retardando o endurecimento e, consequentemente, aumentando a qualidade de conservação do pão.

Dreese *et al.*, (1988) referiram que não era visível qualquer ligação cruzada entre o amido e as proteínas na massa. No entanto, após o suporte, o amido parecia fibroso e parecia estar ligado à proteína. Os módulos elásticos da massa de amido com glúten mostraram ser aumentados como resultado da gelatinização do amido. Isto mostrou que a interação amido-glúten ocorre durante o suporte.

Czuchajowska e Pomeranz (1989) observaram que, durante o armazenamento do pão, o teor de água da crosta aumentou devido ao transporte de água a partir do miolo. Numa zona perto da côdea a diminuição foi muito mais pronunciada, de cerca de 45% para 32%. O endurecimento do miolo ocorreu sem quaisquer alterações na água, mas na textura e na perda de aroma.

Ibrahim *et al.*, (1990) referiram que a adição de alfa-celulose até 10% no pão aumentou a capacidade de retenção de água, o que significa que a adição de alfa-celulose melhorou a qualidade de conservação do pão.

Martin *et al.*, (1991) mostraram que, um modelo proposto sustenta que a firmeza do pão resulta de ligações cruzadas (ligações de hidrogénio) entre a matriz proteica contínua e os restos descontínuos de grânulos de amido.

Piazza e Masi, (1995) estudaram a alteração do perfil de humidade num pão e a textura do pão durante o armazenamento até 300 horas a 25° C. Os resultados experimentais provaram que, para evitar o empedramento, é mais importante abrandar os fenómenos de desidratação do que aumentar o teor de humidade inicial do pão.

Bob, (1996) mencionou que o empedramento do pão se deve à cistalização do amido à medida que cada grânulo perde água. A adição de emulsionantes, como a glicerina monoestearina, pode inibir este processamento, prevenindo a curto prazo o empedramento, e a outra parte do mecanismo de empedramento é a ligação cruzada da amilase extrudida com a proteína, criando uma estrutura mais rígida.

Arnoczky, *et al.*, (1996) relataram que as proteínas do soro de leite tratadas termicamente reduziram a taxa de estufamento no pão cozido de forma óptima como no pão cozido com a fórmula fixa.

Giovanelli, *et al.*, (1997) estudaram os efeitos da temperatura de cozedura no miolo - endurecimento do pão. Observaram que o endurecimento do miolo está relacionado com a retrogradação do amido durante o armazenamento do pão, após a cozedura, a água migra do miolo para a côdea e alguma água evapora-se. Acrescentaram também que este fenómeno se manifesta algumas horas após a cozedura e pára após alguns dias, e é bem conhecido que a gelatinização do amido e a desnaturação das proteínas, que são as principais modificações responsáveis pela estrutura do miolo, dependem da gravidade e do tempo do tratamento térmico. O grau de gelatinização normalmente detectado no pão é de cerca de 96%.

Harland e Puhre, (1998) estudaram a firmeza do miolo e o teor de humidade do pão feito com 60% de tambor e armazenado durante 72 horas. Constataram que o teor de humidade do miolo permaneceu inalterado, mas a firmeza e a entalpia do miolo aumentaram no pão feito com 60% de farinha de trigo mole. Também observaram que o teor de humidade do miolo estava significativamente correlacionado com a firmeza do miolo.

Hung-Iten *et al.*, (1999) estudaram as microestruturas do amido do miolo de pão fresco e velho utilizando microscopia ótica. Verificaram que a reordenação das zonas de amilose e amilopectina no miolo de pão criava estruturas ordenadas e que a reorganização da amilose intra-granular aumentava a rigidez dos grânulos de amido aquando do endurecimento do pão.

Stauffer, (2000) referiu que o endurecimento do pão estava relacionado com a recristalização das moléculas de amido gelatinizadas durante o processo de suporte, e que outros componentes do pão podem ter um papel importante, mas a extensão e a natureza da sua contribuição para o endurecimento eram incertas. Acrescentou-se ainda que existem vários factores que influenciam o estufamento raro do pão, nomeadamente o teor de humidade, o teor de proteínas e os parâmetros de processamento. O aumento do teor de humidade do pão aumenta o seu prazo de validade e o aumento do teor de proteínas do pão tende a resultar num pão mais macio, o que pode ser causado pela simples diluição do amido.

Wang e Sun, (2001) indicaram que o comportamento viscoelástico do miolo de pão foi estudado utilizando a análise mecânica, que foi eficaz na deteção de alterações reológicas no pão relacionadas com o armazenamento e a fórmula. O comportamento viscoelástico típico do miolo de pão revelou uma transição da consistência tipo borracha para a consistência tipo vidro com o aumento da frequência.

Khatkar *et al.*, (2002 a, b) referiram que a textura do miolo se deve ao glúten e à proporção de glúten em relação ao amido. Confirmaram também que, no pão com humidade normal e maior teor de glúten do que de amido, o miolo teria uma textura mais macia. Os mesmos investigadores referiram que, se o glúten perder a sua humidade, seca e o miolo torna-se áspero.

5.2. taxa de estufagem do bolo

O empedramento dos bolos está principalmente associado a alterações de textura deletérias que ocorrem no miolo durante o armazenamento. Ao longo da vida útil dos bolos, as alterações na textura do miolo, a redistribuição da humidade do miolo e a perda de humidade do miolo contribuem para uma diminuição da aceitação dos consumidores.

Axford *et al.*, (1968) referiram que se verificou que os bolos se mantêm firmes durante 20-30 dias de armazenamento à temperatura ambiente.

Wilhoft, (1973) especulou que a retrogradação do amido pode ocorrer a uma taxa reduzida nos bolos em comparação com o pão devido ao nível mais baixo de amido nos bolos. Além disso, há que ter em conta o teor mais elevado de açúcar e gordura nos bolos.

Hodge, (1977) encontrou uma correlação estreita entre as pontuações do painel de sabor dos bolos de Mandeira com a humidade do miolo e o aumento da firmeza do miolo.

Guy, (1983) referiu que a perda global de humidade do miolo do bolo também contribuía para a rigidificação da estrutura do miolo e os estudos indicaram que o consumidor considera que um bolo húmido é um bolo fresco.

Sych ***et al.*****, (1987)** estudaram os efeitos do teor de humidade inicial e da humidade relativa de armazenamento em certas mudanças de textura que ocorrem em bolos de camada durante um período de armazenamento de 42 dias a 20° C. Os resultados indicaram que o aumento do teor de humidade do bolo levou a uma diminuição da firmeza inicial do bolo, mas não reduziu a firmeza final do bolo. Os bolos armazenados a humidades relativas mais elevadas perderam uma quantidade insignificante de humidade, mas continuaram a aumentar a sua firmeza e aderência durante todo o período de 42 dias.

Farg, (1997) estudou o efeito da adição de girassol gordo e desengordurado à farinha de trigo no A.W.R.C do pão de ló. Também se verificou que a presença de óleo (51,6l e 43,22%) na farinha de flor de sol integral e desengordurada de Miak e Balady deu o maior efeito de melhoria no pão de ló, especialmente no retardamento do processo de endurecimento.

Mabrook, (2000) referiu que o desenvolvimento do empedramento em caso de armazenamento aumentou nos bolos de milho muito mais rapidamente do que nos bolos de trigo. Este facto pode ser observado nas actividades enzimáticas após o armazenamento e nos períodos de armazenamento de 1, 2, 3 e 4 semanas, que foram de 100, 62,3, 57,4, 45,1 e 35,7 % nos bolos de milho, mas nos bolos de trigo as actividades da J-amilase foram de 100, 91,3, 86,9, 84,8 e 54,8 %, respetivamente.

Doweidar, (2001) estudou o efeito da adição de diferentes níveis de laranja em pó seca, camada de albedo, maçã seca e cenoura seca à farinha de trigo no endurecimento de cupcakes. Verificou-se também que a taxa de capacidade de retenção de água alcalina aumentava com o aumento do nível de camada de albedo de laranja seca, maçã seca e cenoura seca. Esta melhoria pode dever-se à pectina, que é considerada como um tensioativo e retarda o processo de endurecimento.

6. caraterísticas organolépticas dos produtos de panificação.

6.1. caraterísticas organolépticas do pão de forma

Ciacco e D' Appolonia (1978) estudaram as caraterísticas organolépticas do pão de forma preparado a partir de farinha de trigo (72% de extração) com adição de farinha de mandioca a níveis de 5, 10 e 15%. Relataram que o volume do pão diminuiu com o aumento dos níveis de farinha de mandioca e a cor da crosta do pão aumentou com o aumento da percentagem de farinha de mandioca. A cor do miolo aumentou em cinzento com o aumento da quantidade de farinha de mandioca, enquanto o grão e a textura do pão se tornaram abertos e densos com o aumento do nível de farinha de mandioca. Afirmaram que se podia produzir pão aceitável com 10% de farinha de mandioca.

Olatunji e Akinrele, (1978) estudaram o efeito da adição de 10, 20 e 30 % de farinha de tubérculos tropicais (inhame, cocoyam e mandioca) e farinha de fruta-pão à farinha de trigo na qualidade do pão. Relataram que a pontuação de aceitabilidade total era significativamente diferente ($P < 0,5$). Os pães com 100 % de farinha de trigo e 10 % de misturas de farinha eram muito semelhantes, enquanto o pão com 20 % de mistura de farinha (exceto a mistura de 20 % de farinha de inhame) era definitivamente pior do que o da mistura de 100 % de farinha. As misturas de farinha a 30 % não eram satisfatórias

Almazan, (1990) estudou a qualidade do pão feito de farinha de mandioca em comparação com o pão produzido com farinha de trigo. Também foi demonstrado que, à medida que mais farinha de trigo era substituída por farinha de mandioca, a pontuação total (a soma das classificações de volume, crosta, cor e carácter, grão e textura, cor do miolo e sabor) diminuía.

Defloor *et al.*, (1993) descobriram que a substituição da farinha de trigo por farinha de mandioca a 15 e 30% causou um aumento no peso do pão e uma diminuição no volume do pão e no volume específico em comparação com a amostra de controlo.

Eggleston *et al.*, (1993) estudaram a qualidade do pão de nove clones de farinha de mandioca e descobriram que o volume do pão, o volume específico do pão, a estrutura do miolo, a cor do miolo e a cor da côdea estavam relacionados com o clone de mandioca e o nível de substituição, indicaram que as variações no volume específico do clone, independentemente do nível de substituição, eram altamente significativas e, como se esperava, diminuíram e o volume do pão e as caraterísticas de qualidade diminuíram apenas ligeiramente até ao nível de substituição de 30%.

Mobarak, (1995) estudou os efeitos da suplementação de farinha de mandioca a 5, 10 e 15 % da farinha de trigo (82 % de extração) nas caraterísticas organolépticas do pão de mistura. Verificou-se também que o peso dos pães feitos com as misturas de farinha de trigo e de mandioca aumentou cerca de 0,52 - 0,88 %, enquanto o volume do pão diminuiu cerca de 5,71 - 6,31 %, consoante os níveis de adição de farinha de mandioca. Os dados indicam que, com 5% de adição de farinha de mandioca, as qualidades oraganolépticas do pão eram próximas das do pão de controlo, ao passo que o aumento do nível de farinha de mandioca até 10 e 15% indicou que o crescimento e o diâmetro do pão diminuíram, enquanto a cor do miolo aumentou em acastanhamento e a cor do miolo aumentou em escurecimento, e também os valores de qualidade da uniformidade do miolo diminuíram acentuadamente com 5% de adição de farinha de mandioca. Além disso, a adição de 15% de farinha de mandioca tornou o miolo mais estranho e saboroso, e a cor do miolo aumentou no escuro.

Kusunose *et al.*, (1999) estudaram o volume do pão, o volume específico e a elasticidade do pão fabricado com amidos de trigo, batata e mandioca. Mostraram que o pão que continha fécula de mandioca tinha o volume e a mola de forno mais elevados, enquanto o pão que continha fécula de batata tinha o volume e a mola de forno mais baixos. A textura do miolo do pão com fécula de mandioca era pegajosa e as membranas celulares pareciam ser adesivas, enquanto o pão com fécula de trigo tinha um grão mais fino e uniforme e uma textura mais macia. As células de gás no miolo do pão fabricado com fécula de batata eram mais pequenas e as membranas de gás eram mais espessas.

Khalil ***et al.*****, (2000)** estudaram as caraterísticas do pão e a avaliação sensorial do pão de forma obtido a partir de farinha composta de trigo e mandioca com níveis de substituição de 10, 20, 30, 40 e 50 %. Segundo estes autores, a altura do pão, o volume do pão e a mola do forno obtidos com farinha composta de trigo e mandioca a 20 e 30% de substituição foram semelhantes aos do pão de controlo obtido com farinha de trigo a 82% (taxa de extração) e inferiores aos do pão de controlo obtido com farinha de trigo a 72% (taxa de extração). Por outro lado, as mesmas caraterísticas obtidas a partir de farinhas compostas com níveis de substituição de mandioca de 40 e 50 % foram inferiores às do controlo (taxa de extração de 72 e 82%). A farinha de trigo e a farinha de mandioca apresentaram um peso de pão inferior ao dos controlos (72 e 82% de taxa de extração). O volume específico dos pães obtidos a partir de farinhas compostas de trigo - mandioca com níveis de substituição de 20 e 30 % foi semelhante ao dos controlos (taxa de extração de 72 e 82%), enquanto o obtido a partir de farinhas compostas com níveis de 40 e 50 foi inferior ao dos controlos.

6.2. caraterísticas organolépticas do cupcake .

Wanjekceche e Keya, (1995) estudaram os bolos feitos de polpas de mandioca (75, 90 e 100%) e batata doce (75,90 e 100%), com pouca ou nenhuma farinha de trigo adicionada, e compararam com bolos de farinha de trigo pura. Descobriram que os bolos de farinha de trigo pura obtiveram as pontuações sensoriais mais elevadas para a cor do bolo, textura, sabores e valores de aceitabilidade global, enquanto que os bolos de batata-doce e polpa pura escaldados obtiveram os valores médios mais baixos de qualidade e aceitabilidade global.

Varavinit e shobsngob (2000) estudaram as caraterísticas dos bolos de manteiga preparados a partir da mistura de farinha de arroz, farinha de arroz reticulada e amido de mandioca pré-gelatinizado em pó na proporção de 25:70:5, em comparação com o bolo de farinha de trigo. Relataram que o bolo preparado a partir da mistura de farinha de arroz, farinha de arroz reticulada e fécula de mandioca pré-gelatinizada era semelhante ao bolo de manteiga de farinha de trigo porque a fécula de mandioca pré-gelatinizada actuava como aglutinante para aumentar a fécula de arroz, dava corpo ao bolo e assegurava que a sua textura não era demasiado frágil. Neste aspeto, desempenhou as mesmas funções que o glúten de trigo na farinha de trigo. Acrescentaram que a farinha de arroz modificada proporcionou uma boa textura do bolo e propriedades gerais semelhantes às do bolo preparado a partir de farinha de trigo, e a avaliação sensorial da cor, aspeto geral, aroma, textura, sabor e aceitabilidade global do bolo feito a partir de farinha de trigo e farinha de arroz modificada com fécula de mandioca não foram significativamente diferentes ($p>0,05$).

Gan *et al,* (2007) estudaram os efeitos da quantidade de açúcares (10-30%) e do leite de coco (15-35%) na textura

Os autores analisaram as caraterísticas (dureza e mastigabilidade) e as qualidades sensoriais (cor, firmeza, sabor a mandioca e aceitabilidade global) do bolo de mandioca. Verificaram que as percentagens de açúcar e de leite de coco incorporadas afectavam significativamente a dureza, a mastigabilidade, a cor, a firmeza, o sabor a mandioca e a aceitabilidade global do bolo, e que a formulação de base com a qualidade desejada podia ser obtida incorporando 25% de açúcar e 20% de leite de coco.

6.3. caraterísticas organolépticas do biscoito.

Onweluzo e Iwezu, (1998) estudaram as caraterísticas físicas e qualidades sensoriais dos biscoitos preparados a partir de diferentes misturas de trigo - soja e mandioca - farinhas de soja em comparação com biscoitos de farinha de trigo. Eles relataram que os biscoitos de farinha de trigo de controlo mostraram um rácio de espalhamento mais elevado de 1,8 e uma força de rutura mais baixa de 1,8 kg, enquanto os biscoitos de mandioca - soja fermentada (1:1) mostraram uma crocância comparável, medida como força de rutura (1,7 kg) com o controlo, mas tinham metade do rácio de espalhamento do controlo. Acrescentaram que os biscoitos de trigo - feijão de soja (1:1) tinham um rácio de espalhamento baixo (1,0) e uma força média de quebra de (5,6 kg).

Pereira *et al.,* (1999) estudaram o amido fermentado de batata, araruta e arracaha em comparação com o amido de mandioca fermentado em biscoitos fabricados no Brasil. Verificaram que os amidos fermentados apresentavam caraterísticas semelhantes às da fécula de mandioca fermentada comercial, mas os biscoitos feitos com fécula de batata fermentada não se expandiam bem e tinham uma textura dura, enquanto os amidos fermentados de araruta e arracaha eram adequados para uso na fabricação de biscoitos.

3. MATERIAL E MÉTODOS

1. Materiais :

1.1. A farinha de trigo (taxa de extração de 72 %) foi obtida na terra da farinha, 6th Oct. City, zona 3, Giza, Egito, (2006).

1.2. Os tubérculos de mandioca *(Manihot esculenta),* variedade nigeriana, foram obtidos na exploração do Horticultural Research Institute, Agricultural Research Centre, Giza, Egito, (época de março de 2006).

1.3. A levedura de padeiro comercial comprimida foi obtida no mercado local. Este tipo de levedura é fabricado pela National yeast Corporation, Alexandria, Egito, (2006).

1.4. Os outros materiais utilizados foram ovos frescos, óleo de milho, leite, fermento em pó e vanilina, obtidos no mercado local, Cairo, Egito, (2006).

1.5. Os produtos químicos foram obtidos da Merck Company, Alemanha, (2006).

2. Métodos :

2.1. Remoção de glucósidos cianogénicos e preparação de farinha de mandioca:

O tubérculo de mandioca foi processado de acordo com o método descrito por **Mosha *et al.*, (2000)** com algumas modificações, como se segue: Após a lavagem dos tubérculos, estes foram descascados e cortados em fatias (chips) e embebidos em água na proporção de 1 : 2,5, (fatias de mandioca: água) à temperatura ambiente durante 24h, depois as fatias de mandioca foram lavadas numa grande quantidade de água destilada, espremidas e secas a 60° C durante 12h, em estufa de ar. O produto desidratado foi moído até se tornar um pó fino, depois embalado em sacos de polietileno e armazenado no congelador até ser utilizado.

2.2. Mistura de farinha de trigo com farinha de mandioca:

Farinha de trigo parcialmente substituída por mandioca para fazer pão de forma, cupcake e biscoito doce semi-duro, como indicado na Tabela (1).

Quadro (1) Misturas de farinha de trigo com farinha de mandioca

Treatment No.	Blends Composition
1 (control)	100 % wheat flour(72 % extraction)
2	90 % wheat flour (72 %) + 10 % cassava flour
3	80 % wheat flour (72 %) + 20 % cassava flour
4	70 % wheat flour (72 %) + 30 % cassava flour
5	60 % wheat flour (72 %) + 40 % cassava flour
6	50 % wheat flour (72 %) + 50 % cassava flour

2.2. Técnicas de cozedura:

2.2.1. Procedimento do pão de forma:

Os pães de forma foram preparados com farinha de trigo (como controlo) e com misturas sugeridas de farinha de trigo e de mandioca.

O método de massa direta para a produção de pão de forma foi realizado de acordo com o método de **Kent-Jones e Amos, (1967)** que pode ser resumido da seguinte forma: Cem gramas de farinha provada foram misturadas com 25 ml de suspensão de levedura recentemente preparada (12 gm de levedura fresca comprimida suspensa em 100 ml de água), 25 ml de solução de cloreto de sódio a 3% foram adicionados e a quantidade adicional de água foi determinada por dados fariongráficos. A massa foi retirada do recipiente e arredondada manualmente. A fermentação decorreu durante 3 horas, em três fases consecutivas, a 30° C e 85 % de humidade relativa. A primeira punção foi efectuada após 105 min, a segunda punção após 50 min e a moldagem após 25 min. A massa fermentada foi colocada numa forma (5 x 9 x 8) bem untada para evitar que os pães colassem durante 55 min. Os pães foram depois submetidos a uma prova durante 55 minutos numa estufa a 30° C e 85 % de humidade relativa. Após a fermentação, as formas foram colocadas num forno a 250° C durante 25 minutos. Os pães produzidos foram retirados do forno e, em seguida, foram colocados numa câmara hermética até serem marcados.

2.3.2 Procedimento do cupcake:

Os cupcakes foram preparados com farinha de trigo (como controlo) e com misturas sugeridas de farinha de trigo e mandioca. O queque foi preparado de acordo com **Doweidar (2001)**, como demonstrado na Tabela (2).

Tabela (2): Ingredientes utilizados na preparação do cup cake

Ingredients	gm
Flour	150.0
Baking powder	5.81
Salt	3.40
Sugar	120.0
Corn oil	31.83
Fresh whole eggs	39.75
Skim dry milk	14.76
Vanilla	1.50
Water	as required by farinograph absorption test

1. Todos os ingredientes secos foram misturados e transformados numa máquina de mistura.
2. Os ovos são batidos com uma batedeira e adiciona-se baunilha aos ovos batidos.
3. O óleo de milho e a água foram adicionados à mistura de ovo e baunilha gradualmente, com uma mistura bem batida a baixa velocidade durante 5 minutos, o açúcar foi adicionado com uma mistura bem batida a baixa velocidade durante 5 minutos e os ingredientes secos foram adicionados à mistura gradualmente e a mistura foi misturada a baixa velocidade durante 5 minutos,

com a vareta para baixo, e depois a média velocidade durante 2 minutos.

4. Setenta gramas de bolo de manteiga foram escalonados em cupcake untado (tamanho 2).
5. O bolo foi então colocado na prateleira intermédia do forno e cozido durante 25 minutos a 180° C.
6. Os cupcakes resultantes foram deixados a arrefecer durante 30 minutos na taça. Em seguida, foram retirados do copo e deixados arrefecer durante 30 minutos numa grelha de arame antes de serem cortados.

2.3.3. Procedimento de fabrico de biscoitos:

Os biscoitos foram preparados a partir de farinha de trigo (como controlo) e de misturas sugeridas de farinha de trigo e mandioca. Os biscoitos foram preparados de acordo com **Assem e Abd - El Motalep, (2004)** para biscoitos doces semi-duros como demonstrado na Tabela (3).

Tabela (3): Ingredientes utilizados na preparação de biscoito doce semi-duro

Ingredients	Amounts (gm)
Flour	100
Sugar	30
Butter	15
Skimmed milk powder	0.5
Ammonium bicarbonate	0.33
Sodium bicarbonate	0.66
Egg (whole, fresh)	24
Vanilla	0.3

1. bata o açúcar e a manteiga numa batedeira durante 2 minutos, bata também o ovo inteiro e a baunilha numa batedeira durante 2 minutos, a que se juntou o açúcar e

a manteiga batidos em creme.

2. A farinha e o fermento em pó foram misturados suavemente durante 5 minutos, utilizando um rolo de madeira.
3. A massa foi cortada numa folha de espessura uniforme de 4 mm, cortada numa folha circular de 6,0 cm de diâmetro e cozida durante 12 - 15 minutos a 210° C.
4. Em seguida, deixou-se arrefecer o biscoito à temperatura ambiente.

2.4. análise física dos produtos de panificação:

2.4.1 análise física para pão de forma e cupcake

De acordo com os métodos da AACC (1984), as médias de volume, volume específico, altura e peso do pão de forma e do cupcake foram testadas individualmente dentro de uma hora após a cozedura.

2.4.2. análise física para biscoitos:

As caraterísticas físicas das bolachas foram determinadas de acordo **com a AACC (1994).** O peso, o diâmetro e a espessura das bolachas foram medidos em grupos de 10 bolachas. A perda de peso foi medida a partir da diferença entre a massa crua formada e o biscoito cozido. O rácio de espalhamento obtido foi o rácio entre o diâmetro e a espessura. O volume (cm^3) foi determinado pelo deslocamento da semente de painço, a densidade (g / cm^3) foi calculada como a razão entre os pesos das bolachas arrefecidas e cozidas e o seu volume.

2.4.3. Determinação da taxa de estufagem para pão de forma e cupcake.

O pão de forma ou os cupcakes foram arrefecidos à temperatura ambiente e depois armazenados a 24° C em sacos de polietileno selados para evitar a perda de humidade. O pão de forma foi armazenado a zero, 24, 48 e 72 horas, enquanto o cupcake foi armazenado a 18° C a zero, 7, 14, 21 e 28 dias. O pão ou os bolinhos foram cortados em pedaços pequenos, secos em estufa de vácuo reduzido a 50° C e depois moídos para passarem por um peneiro de aço inoxidável de 60 malhas. O endurecimento do pão foi medido através da determinação da capacidade de retenção de água alcalina (A.W.R.C), de acordo com o método de **Kitterman e Rubentholar (1971)**, como se segue:

Foram adicionados cinco gramas de farinha de pão ou de bolo (colocados num tubo de centrifugação de plástico seco com 50 ml de capacidade) e 25 ml de solução de Na HCo3 (8,4 g de bicarbonato de sódio dissolvido num litro de água destilada). O tubo foi tapado e agitado até que toda a farinha ficasse húmida e, em seguida, a mistura foi deixada durante 20 minutos com agitação, durante 5 minutos. O conteúdo foi então centrifugado a 2500 r.p.m. durante 15 minutos. O sobrenadante foi decantado e o precipitado foi deixado durante 10 minutos a um ângulo de 45° (para eliminar a água livre). A experiência foi repetida e o ganho médio das duas séries foi multiplicado por 20 para obter a capacidade de retenção de água alcalina em percentagem (A.W.R.C. %). A taxa de diminuição (R.D. %) foi calculada utilizando a seguinte equação

$$R.D.\ \% = \frac{AWRC\ (0 - time) - AWRC\ (n - time)}{AWRC\ (0 - time)} \times 100$$

n = período de armazenagem.

2.5. análise química:

2.5.1 Determinação da humidade:

O teor de humidade foi determinado por secagem das amostras até peso constante numa estufa a 105° C até peso constante, de acordo com a **AOAC (2000).**

2.4.2. Determinação das cinzas :

Pesos conhecidos de amostra moída (2g) foram incinerados numa mufla a 550° C até um peso constante, de acordo com a **AOAC (2000).**

2.5.3. Determinação da matéria gorda :

A gordura foi determinada por extração com hexano durante 24 horas num aparelho de sexhlet, de acordo com a **AOAC (2000).**

2.5.4. Determinação da proteína bruta .

A proteína bruta foi determinada pelo método de Kjeldahl da seguinte forma: um grama de amostra foi digerido com ácido sulfúrico concentrado (25 ml) na presença de uma mistura de catalisadores (sulfato de potássio anidro e sulfato de cobre na proporção de 9:1, respetivamente). Após digestão e arrefecimento, a solução foi tratada com um excesso de solução de hidróxido de sódio (50 ml, 50 % p/v). O amoníaco foi recebido em ácido bórico (50 ml, 20 %/v) e titulado com ácido clorídrico 1,0 N (**A O A C,** 2000) .

2.5.5. Determinação da fibra bruta:

Misturou-se um peso conhecido da amostra moída (2 g) com ácido sulfúrico (200 ml, 1,25% p/v). A mistura foi fervida sob condensador de reflexo durante 30 minutos e filtrada através de um cadinho de gooch com amianto, sendo depois cuidadosamente lavada com água destilada. O resíduo e o amianto foram fervidos com uma solução aquosa de hidróxido de sódio (200 ml, 1,25 % p/v) durante 30 minutos. Em seguida, filtrou-se através de um cadinho de Gooch, como descrito acima. O resíduo foi lavado com água destilada, seguido de álcool etílico e acetona. Em seguida, secou-se a 100° C até peso constante. O teor de cinzas foi determinado e subtraído do peso seco do material tratado para obter o teor de fibras **(A O A C, 2000).**

2.5.6. Determinação dos açúcares :

Os açúcares redutores e totais foram determinados de acordo com o método do ácido di-nitro-salicílico descrito por **Whit e Kennedy (1981)**, como se segue:

1- Nos tubos experimentais, adicionar 100 ml de solução de amostra a 1 ml de reagente DNSA (0,25 g de ácido 3,5 di-nitro-salicílico + 75,0 g de tartarato de sódio e potássio em 50 ml de hidróxido de sódio 2 M).

2- Aquecer os tubos a 100° C durante 10 minutos.

3- Deixar arrefecer à temperatura ambiente e medir a densidade ótica a 570 nm.

4- Calcular a concentração de açúcares a partir da curva-padrão. Os açúcares não redutores foram calculados pela diferença entre os valores obtidos de açúcares totais e açúcares redutores.

2.5.5. Determinação dos hidratos de carbono hidrolisáveis totais:

Os hidratos de carbono hidrolisáveis totais foram determinados como glucose pelo método fenol-sulfúrico, tal como descrito por **Dubois *et al.* (1956)**.

Misturou-se uma determinada massa de amostra (cerca de 2 g) com H_2 So_4 (1N, 25 ml) num erlenmeyer e a mistura foi fervida sob condensador de refluxo de ar durante 6 horas. Adicionou-se carbonato de bário (1g) ao hidrolisado e filtrou-se a mistura com papel Whatman n.º 3. O filtrado foi diluído para 250 ml num balão volumétrico com água destilada. Misturou-se um volume conhecido (1,0 ml) da solução diluída com fenol (1,0 ml, 5 % p/v) e ácido sulfúrico concentrado (5 ml) e deixou-se repousar durante 30 minutos. A mistura foi bem agitada e deixada em repouso durante 10 minutos a 30° C e registou-se a absorvância a 490 nm. Foi efectuada uma experiência em branco, como mencionado anteriormente. A curva padrão foi preparada dissolvendo glucose pura (0,1 gm.) num litro de água destilada e foram tomados volumes diferentes e diluídos com água destilada para preparar as seguintes concentrações: 10, 20, 30, 40, 50, 60, 70 e 80 mg de glucose / ml de água destilada.

Cada concentração foi tratada como mencionado anteriormente. Obteve-se uma relação linear entre as diferentes concentrações de glucose e os valores de absorvância.

2.5.6. Determinação do teor de minerais:

O cálcio, o ferro, o magnésio, o sódio, o potássio, o zinco e o manganês foram determinados nas amostras estudadas, farinha de trigo (72 % de extração), mandioca fresca e farinha de mandioca demolhada, utilizando uma técnica de espetroscopia de absorção atómica Pye - Unicom SP 19000, tal como descrito por **A O A C (2000).**

2.5.7. Determinação do teor de ácido cianídrico em mandioca fresca, demolhada, farinha e produtos de mandioca:

O teor de ácido cianídrico (HCN) foi determinado de acordo com o método de titulação alcalina descrito na **AOAC (2000)** da seguinte forma:

1. Colocar 10 a 20 *g* de amostra num balão de Kjeldahl de 800 ml.
2. Adicionar 200 ml de H_2 O e deixar repousar 2 - 4 h.
3. Destilar a vapor, recolher 150 - 160 ml de destilado em solução de NaOH (0,5 g em 20 ml de H_2 O) e diluir até ao volume definitivo.
4. A 100 ml de destilado (é preferível diluir para 250 ml e titular uma alíquota de 100 ml), adicionar 8 ml (6M) de NH_4 OH e 2 ml (5

%) de KI e titular com Ag-No (0,02M), utilizando uma microbureta.

5. O ponto final é uma turvação ténue mas permanente e pode ser facilmente reconhecida, especialmente contra um fundo preto.

1 ml (0,02 M) de Ag NO3, = 1,08 mg de HCN (Ag equivalente a 2 CN)

2.5.8. Determinação do glúten na farinha de trigo *(72 % extraction)* :

O glúten foi determinado de acordo com o método descrito pela **AACC (1984),** como se segue:|

1- Pesar 25 *g* de farinha numa taça de porcelana ou num almofariz, adicionar água da torneira (15 ml) suficiente para formar uma bola de massa firme e trabalhar a massa com uma espátula ou um pilão, tendo o cuidado de não deixar que nenhum material adira ao utensílio. Deixar a massa repousar em água à temperatura ambiente durante 1 hora.

2- Amassar suavemente a massa em jato de água da torneira sobre um pano de cozinha até que o amido e toda a matéria solúvel sejam removidos, o que requer cerca de 12 minutos.

3- Para determinar se o glúten está aproximadamente isento de amido, deixar cair

1 ou 2 gotas de água de lavagem, obtidas por espremedura, num copo contendo água perfeitamente límpida.

4- Deixar o glúten assim obtido por lavagem repousar em água durante 1 hora, pressionar o mais seco possível entre as mãos, enrolar em bola, colocar no peso como glúten húmido.

5- Transferir para a estufa, secar até peso constante a 100° C (24 horas) e arrefecer.

6- Peso em glúten seco.

2.5.9. Determinação do valor de sedimentação:

O valor de sedimentação foi determinado para a farinha de trigo de acordo com o método descrito na **AACC (1984)** da seguinte forma

1. Colocar 3,2 g de farinha a provar numa proveta graduada de 100 ml com rolha de vidro.

2. Simultaneamente, iniciar a cronometragem e adicionar 50 ml de água, movendo horizontalmente um cilindro com rolha, longitudinalmente, contendo 1g de azul de bromfenol. Misturar a farinha e a água, alternadamente à direita e à esquerda, num espaço de 7 pol., 12 vezes em cada direção em 5 seg. A farinha deve ser completamente arrastada para a suspensão durante a mistura.

3. Colocar o cilindro no misturador e misturar durante 5 minutos de solução foi misturada com 200 ml de álcool isopropílico e diluída para 1 litro) e misturada num misturador durante 5 minutos.

5. Retire da batedeira e deixe repousar durante 5 minutos.

6. Ao fim de 5 minutos, ler o volume em ml de sedimento na proveta, que é o valor de sedimentação não corrigido.

7. Foram efectuadas duplicações e a média foi calculada como valores de sedimentação não corrigidos.

8. O valor de sedimentação corr foi obtido do seguinte modo: - Valor de

sedimentação corr =

$$\text{uncorrd sedimentation value X} \frac{100 - 14}{100 - \text{Flour moisture}}$$

2.6. Propriedades reológicas:

2.6.1. Ensaio do farinógrafo.

O Farinógrafo foi utilizado para estudar as caraterísticas de hidratação e de mistura da massa resultante da investigação. Cinquenta gramas de farinha testada foram colocadas numa tigela pequena do aparelho e foi adicionada água suficiente para que a consistência da massa fosse tal que a curva de mistura estivesse centrada na linha de 500 unidades Brabender (B.U) no ponto de desenvolvimento máximo. Os parâmetros seguintes foram retirados do Farinograh, tal como descrito na **AACC (1984)**, utilizando um farinógrafo do tipo (877563 Brabender Farinograph West Germany Hz 50).

Absorção de água: A quantidade de água necessária para que a massa tenha a consistência de 500 unidades da linha Brabender.

Tempo de amassadura: é o tempo, em minutos, que decorre entre a primeira adição de água e o desenvolvimento da consistência máxima da massa, medido com uma aproximação de meio minuto.

Estabilidade da massa: É o tempo em minutos que decorre quando o topo da curva interage com a primeira linha de 500 B.U. e sai dessa linha.

Enfraquecimento da massa (B.U): Unidade Brabender (B.U) desde a saída da linha 500 B.U. até ao meio da curva após 12 min.

2.6.2. Teste de extensografia:

O teste de Extensografia foi efectuado de acordo com o método descrito na, **AACC (1984)**, utilizando um Extensógrafo tipo: 4821384 Brabender - Extersograph West - Germany Hz50, para medir os seguintes parâmetros:

Extensibilidade da massa (ED). O comprimento total da base do extersograma medido em milímetros.

Resistência da massa à extensão (RD). A altura da curva do extensógrafo medida em unidades Brabender após 5 minutos do início.

Número proporcional (R / E). R / E é obtido dividindo a resistência à extensão pela extensibilidade.

Energia da massa. É representada pela área em cm^2 contornando a curva.

2.7. Avaliação sensorial de produtos de panificação.

2.7.1. Avaliação sensorial do pão de forma

As amostras de pão de forma foram avaliadas quanto às suas caraterísticas sensoriais por dez membros do painel do pessoal do Instituto de Investigação em Tecnologia Alimentar, Centro de Investigação Agrícola, Giza. O esquema de pontuação foi estabelecido conforme mencionado por. **El Gebaly (1988)**, tal como demonstrado no quadro (4).

Tabela (4): Pontuação organoléptica do pão de forma

Property	Maximum score
General appearance	20
Taste	20
Sponge	15
Color	15
Distribution of crumb	15
Odor	15
Overall acceptability	100

2.7.2. Caraterísticas sensoriais do cup cake

A qualidade dos cupcakes frescos foi determinada de acordo com o método descrito por **Ston *et al.* (1974)**. As amostras de bolo foram deixadas a arrefecer após a cozedura e, em seguida, o bolo foi cortado com uma faca de talho afiada e submetido a um painel de degustação. A folha de pontuação é apresentada na Tabela (5).

Tabela (5): Pontuação organoléptica do bolo de tampa .

Characteristics	Maximum score
Texture	20
Crust Color	20
Taste	20
Odor	20
Shape	20
Overall acceptability	100

2.7.3.. Avaliação sensorial do biscoito:

As amostras de bolachas foram avaliadas quanto às suas caraterísticas sensoriais por dez membros do painel do pessoal do Instituto de Investigação de Tecnologia Alimentar, Centro de Investigação Agrícola, Giza, Egito. O esquema de pontuação foi estabelecido como mencionado por **Asal, (2004)**, conforme demonstrado no Quadro (6).

Tabela (6): Pontuação organoléptica do biscoito

Property	Maximum score
Color	10
Taste	10
Texture	10
Odor	10
Appearance	10
Total score	50

2.8. Análise estatística:

A avaliação sensorial dos produtos produzidos foi analisada estatisticamente por análise de variância (ANOVA), segundo **Montgomery, (1984).** A análise de componentes principais foi aplicada de acordo com **Martens e Russwurm, (1983)** e a determinação do valor da diferença menos significativa (L.S.D) a 0,05 de probabilidade de acordo com o método de **software de computador, (Spss, 2000).**

4. RESULTADOS E DISCUSSÃO

l. Efeito de imersão

1.1 Efeito do processo de demolha e da secagem em estufa no teor de ácido cianídrico dos tubérculos de mandioca

O tubérculo de mandioca não pode ser consumido cru, uma vez que contém glucósidos cianogénicos livres e ligados que foram convertidos em cianeto na presença de linamarase, uma enzima que ocorre naturalmente nos tubérculos de mandioca (Fig.1). Por conseguinte, deve ser processada para reduzir o teor de glucósidos cianogénicos para 10 ppm, o nível de segurança indicado pela **FAO/OMS (1991).** O Quadro (7) e a Figura (2) mostram o teor de ácido cianídrico do tubérculo fresco, do tubérculo de mandioca demolhado, da farinha de mandioca e dos produtos de mandioca (pão de forma, cupcake e bolacha com 50% de adição de farinha de mandioca). É evidente que a imersão das fatias de tubérculos de mandioca em água numa proporção de 1: 2,5 (mandioca: água) durante 24 horas à temperatura ambiente reduz cerca de metade do teor de ácido cianídrico de 259,36 ppm para 132.54 ppm devido ao aumento da área de superfície exposta à água, que aumenta a decomposição enzimática da linamarina em ácido cianídrico, enquanto a secagem em estufa a 60°c durante 12 horas reduziu o teor de ácido cianídrico das fatias de mandioca para 8,07 ppm devido ao efeito do ácido cianídrico vaporizado. Este nível é inferior ao nível de segurança (10 ppm) indicado pela **FAO/OMS, (1991).** Por outro lado, o processo de cozedura dos produtos de mandioca a alta temperatura (cerca de 200°C) removeu todos os resíduos de ácido cianídrico e tornou os produtos de mandioca isentos de ácido cianídrico.

Tabela (7): Teor de ácido cianídrico no tubérculo de mandioca fresco, no tubérculo de mandioca demolhado, na farinha de mandioca e nos produtos de mandioca

Hydrocyanic acid content	fresh cassava tuber	soaked cassava tuber	Soaked and dried cassava flour	cassava products at level 50%
ppm	259.36	132.54	8.07	0.00

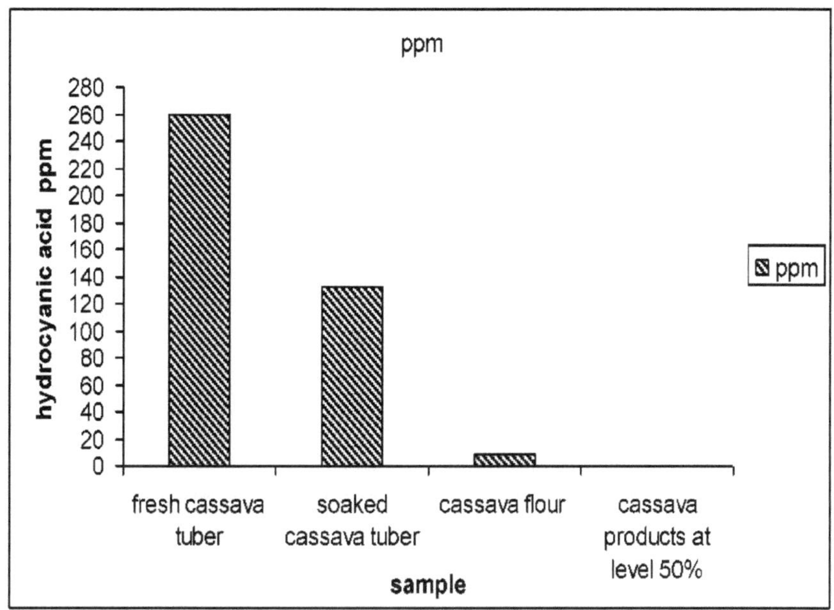

Fig. (2): Teor de ácido cianídrico no tubérculo de mandioca fresco, no tubérculo de mandioca demolhado, na farinha de mandioca e nos produtos de mandioca

Estes resultados demonstram que a farinha de mandioca e os produtos são seguros para o consumo humano, os mesmos resultados são de acordo com **okafor** ***et al,*** **(2004).**

1.2. Efeito do processo de demolha na composição química e nos teores minerais da farinha de mandioca

Os resultados obtidos no Quadro (8) e na Figura (3A, B) mostraram o efeito do processo de demolha na composição química e no conteúdo mineral da farinha de mandioca.

É evidente que o processo de demolha diminuiu as cinzas, alguns minerais (Na, Zn, Fe, Mn e K), açúcares totais e hidratos de carbono totais de 3,78%, (235,81, 2,05, 2,86, 0.19 e 734,76mg/100g), 5,00% e 88,76% do tubérculo de mandioca fresco para 3,55%, (124,92, 0,73, 1,46, 0,13 e 520,56mg/100g), 2,50% e 87,67%, da farinha de mandioca demolhada, respetivamente.

Os resultados também mostraram um aumento nos teores de proteínas, lípidos e fibra bruta da farinha de mandioca demolhada em comparação com o tubérculo de mandioca fresco de 3,29, 0,42 e 3,75% para 3,92, 0,48 e 4,78%, respetivamente. Finalmente, podemos referir que o processo de demolha causou uma pequena diminuição do teor de hidratos de carbono e de

Tabela (SA): Efeito do processo de demolha durante 24 br. na composição química da farinha de mandioca (com base no peso seco)

Material	Moisture	Protein	Ash	Lipid	Crud fibre	Total carbohydrate	Reducing sugar	Non reducing sugar	Total sugar
Fresh cassava	57.86	3.29	3.78	0.42	3.75	88.67	2.31	2.59	5
Soaked and dried cassava flour	9.16	3.92	3.55	0.48	4.78	87.27	0.12	2.48	2.6

Tabela (SB): Efeito do processo de demolha durante 24 horas, no conteúdo mineral da farinha de mandioca (como mg /100 g base seca)

Material	Na	Zn	Ca	K	Mn	Mg	Fe
Fresh cassava	253.81	2.05	50.21	734.76	0.19	133.74	2.86
Soaked and dried cassava flour	124.92	0.73	52.29	520.56	0.13	145.29	1.46

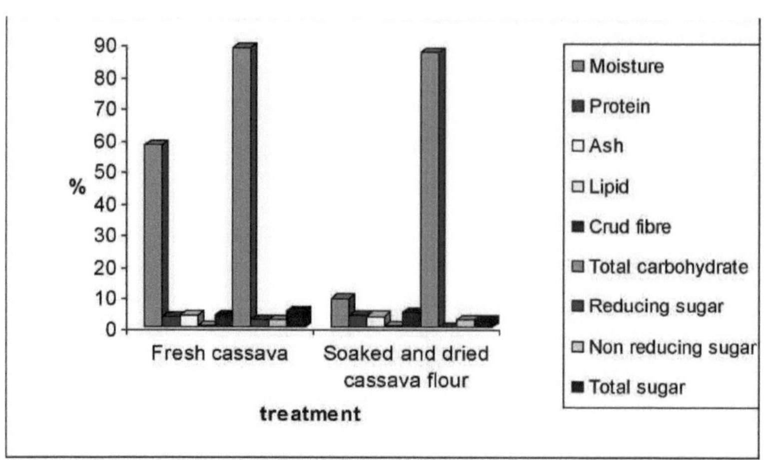

Fig. (3A): Efeito do processo de demolha durante 24 horas na composição química da farinha de mandioca (com base no peso seco)

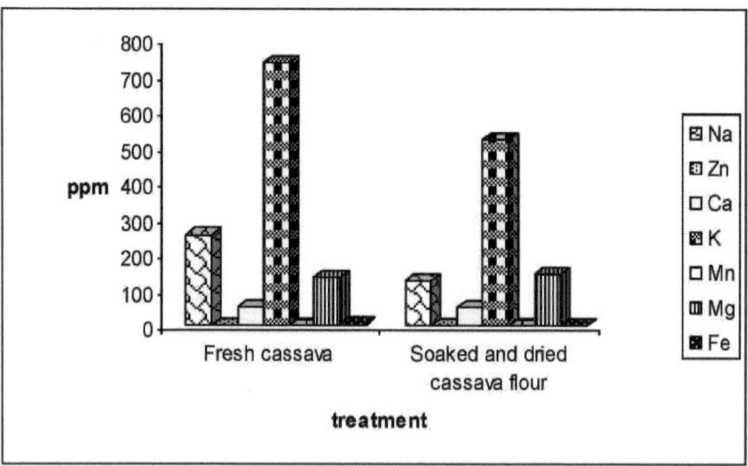

Fig. (3): Efeito do processo de imersão durante 24 horas no conteúdo mineral de farinha de mandioca (em mg / 100 g de base seca)

Uma diminuição média nos teores de minerais, mas uma diminuição elevada nos açúcares redutores, não redutores e totais, enquanto o efeito é pequeno nos outros ingredientes.

2. Comparação da composição química e do teor de minerais entre as farinhas de mandioca e de trigo (extração *a 72* %)

A farinha de trigo (72% de extração) e as farinhas de mandioca demolhadas foram analisadas quimicamente quanto à humidade, proteínas, cinzas, lípidos, fibra bruta, hidratos de carbono totais e açúcares redutores, não redutores e totais. Os resultados obtidos são apresentados na Tabela (9A) e na Fig. (4A).

Os resultados na Tabela (9A) mostraram que o teor de humidade da farinha de mandioca era de 9,16%, enquanto o teor de humidade da farinha de trigo era de 12,62%. É claro que, adicionando farinha de mandioca à farinha de trigo, diminui o teor de humidade na mistura produzida quando comparado com o teor de humidade da farinha de trigo apenas. Estes resultados estão de acordo com os resultados relatados por **Charles *et al,* (2005, a).** A partir dos resultados mencionados na Tabela (9A), é claro que o teor de proteína bruta da farinha de trigo foi de 12,18, enquanto o teor de proteína da farinha de mandioca foi de 3,92%, estes resultados estão em boa concordância com os resultados obtidos por **Mobarak, (1995), levan *et al.,* (2004) e padonou *et al.,* (2005)**

Tabela (9A): Comparação da composição química entre farinha de mandioca e de trigo (com base no peso seco)

Material	Moisture	Protein	Ash	Lipid	Crud fibre	Total carbohydrate	Reducing sugar	Non reducing sugar	Total sugar
Soaked and dried cassava flour	9.16	3.92	3.55	0.48	4.78	87.27	0.12	2.48	2.6
Wheat flour (72% extraction)	12.62	12.18	0.59	0.72	0.62	85.89	0.11	1.19	1.3

Tabela (9B): Comparação do teor de minerais entre farinha de mandioca e de trigo (em mg . 100 g de base seca)

Material	Na	Zn	Ca	K	Mn	Mg	Fe
soaked and dried cassava flour	124.92	0.73	52.29	520.56	0.13	145.29	1.46
wheat flour (72% extraction)	51.27	0.81	19.63	214.83	0.77	48.41	1.63

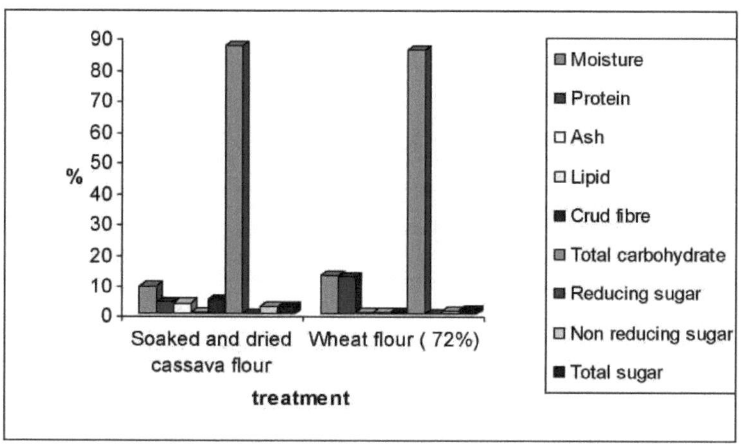

Fig. (4A): Comparação da composição química entre farinha de mandioca e de trigo (com base no peso seco)

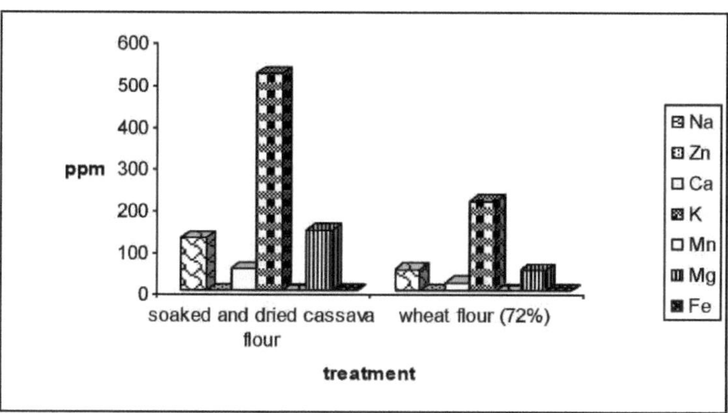

Fig (4B): Comparação do teor de minerais entre a mandioca e a farinha de trigo (em mg / 100 g de base seca)

É evidente que a adição de farinha de mandioca à farinha de trigo (72% de extração) diminui o teor de proteínas das farinhas compostas de trigo e mandioca.

Os resultados também mostraram que o teor de cinzas da farinha de trigo era de 0,59%, enquanto o da farinha de mandioca era de 3,55%. Estes resultados estão de acordo com **Charles *et al.*, (2005,a),** estes dados indicam que a substituição parcial da farinha de trigo por farinha de mandioca aumenta o teor de cinzas, com o aumento do nível de substituição. Os resultados obtidos na tabela (9A) declararam que, a farinha de mandioca tinha um alto teor de fibra bruta 4,78%, comparado com o seu teor de farinha de trigo que era 0,62%. Os resultados também mostraram que, com o aumento do nível de substituição da farinha de mandioca, o teor de fibra nas farinhas compostas de trigo e mandioca aumentou.

Os resultados apresentados no Quadro (9A) indicaram que o teor de lípidos da farinha de trigo era de 0,72%, enquanto o teor de lípidos da farinha de mandioca era de 0,48%. Estes resultados de fibra bruta e lípidos estão de acordo com os relatados por **Saleh, (1993) e Charles *et al.*, (2005,a).**

A tabela (9A) mostra que a farinha de mandioca tem um teor elevado de açúcares não redutores e totais (2,48 e 2,60%), em comparação com a farinha de trigo (1,19 e 1,30%). Estes resultados mostraram que a adição de farinha de mandioca à farinha de trigo aumentou o teor de açúcares não redutores e totais, mas não tem um efeito significativo no teor de açúcares redutores das farinhas compostas de trigo e mandioca.

Os resultados obtidos na tabela (9A) declararam que os teores de hidratos de carbono totais da farinha de mandioca e de trigo eram 87,67 e 85,93%, esses dados indicaram que a substituição parcial da farinha de trigo por farinha de mandioca aumentou a percentagem de hidratos de carbono totais das misturas.

Estes resultados relativos aos açúcares totais e aos hidratos de carbono totais são concordantes com os relatados por **Mobarak, (1995).**

Os conteúdos minerais da farinha de trigo e da farinha de mandioca são apresentados no Quadro (9B) e na Figura (4B). É bastante claro que a farinha de mandioca tem um teor mais elevado de alguns minerais do que a farinha de trigo (72% de extração). Estes minerais são, Sódio, Cálcio, Potássio e Magnésio, foram encontrados em quantidades de 124,92 mg / 100g, 52,29 mg / 100g, 520,56 mg / 100g, 145,29 mg / 100g de farinha de mandioca, respetivamente.

Enquanto que os teores de Zinco, Manganês e Ferro foram encontrados em quantidades mais elevadas na farinha de trigo (72% de extração) do que na farinha de mandioca, 0,81 e 0,73, 0,77 e 0,13, 1,63 e 1,46mg/100g de farinha de trigo e de mandioca, respetivamente.

3. Teor de glúten e índice de sedimentação correto da farinha de trigo (extração a 72%)

A tabela (10) mostra o teor de glúten e o valor de sedimentação correto da farinha de trigo usada (72% de extração), a partir desta tabela verificou-se que o glúten húmido e seco eram 29,45 e 12,75%, respetivamente.

Como é sabido, uma quantidade elevada de glúten não significa uma qualidade elevada de glúten.

O valor correto da sedimentação mostra a força da farinha e, a partir dos dados da Tabela (10), também é claro que a farinha de trigo (72% de extração) em estudo é uma farinha média.

Tabela (10): Teor de glúten e valor de sedimentação da farinha de trigo utilizada (72% de extração)

Wet gluten (%)	**29.45**
Dry gluten (%)	**12.75**
Correct sedimentation value (ml)	**26.56**

4. Efeito da adição de mandioca à farinha de trigo (72% de extração) nas propriedades reológicas da massa

4.1 Propriedades do farinograma

Os resultados apresentados na Tabela (11) e nas Figuras (5, 6, 7) indicam o efeito da adição de farinha de mandioca na absorção de água, no tempo de mistura, na estabilidade da massa e no enfraquecimento da massa. Os resultados mostraram que a adição de farinha de mandioca à massa aumentou a absorção de água. O aumento da quantidade adicional de farinha de mandioca aumenta a capacidade da massa para absorver uma maior quantidade de água devido à elevada quantidade de fibra na farinha de mandioca. No que diz respeito à taxa de aumento da absorção de água, os dados tabulados mostraram que a amostra de controlo tinha 56,7%, enquanto os níveis de 10, 20, 30, 40 e 50% de adição de farinha de mandioca tinham 58,5, 58,0, 59,4, 61,8 e 61,9%, respetivamente. Observação semelhante foi relatada por **Ciacco e D'Appolonia, (1978),** que relataram que a absorção de água das misturas contendo farinha de mandioca aumentava à medida que a percentagem de farinha de tubérculo aumentava. Além disso, **Olatunje** e **Akinrele, (1978), Almazan, (1990)** e **Mobarak, (1995)** indicaram que a adição de farinha de mandioca à farinha de trigo aumentava a absorção de água com o aumento do nível de adição.

Tabela (11): Dados farinográficos da massa de farinha de trigo afectados pela adição de farinha de mandioca

Treatment	Water adsorption (%)	Mixing time (min.)	Dough stability (min.)	Dough weakening (B.U.)
1	56.7	2.0	8.0	60
2	58.5	1.5	7.0	70
3	58.0	2.0	7.5	70
4	59.4	1.5	9.5	45
5	61.8	3.0	11.0	50
6	61.9	6.0	4.0	80

B.U. = Unidade Brabender

Tratamento 1=controlo (100% farinha de trigo 72% extração)
Tratamento 2=10% mandioca +90% farinha de trigo 72% extração
Tratamento 3=20% mandioca+80% farinha de trigo 72% extração
Tratamento 4= 30% mandioca+70% farinha de trigo 72% extração
Tratamento 5=40% mandioca+60% farinha de trigo 72% extração
Tratamento 6=50% mandioca+50% farinha de trigo 72% extração

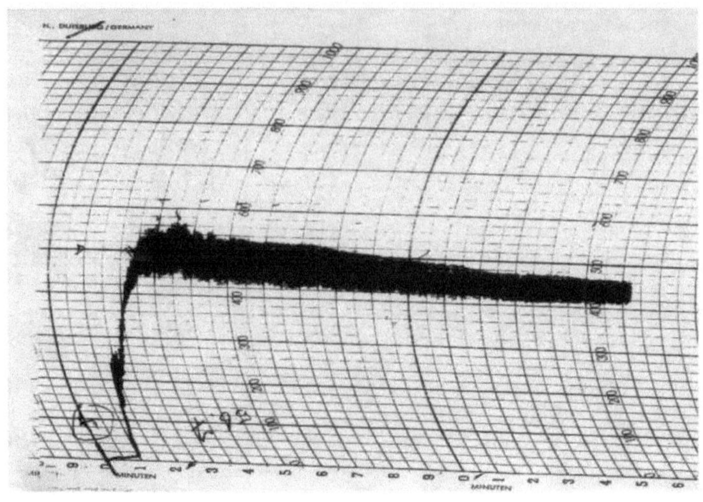

Controlo (100% farinha de trigo 72% extração)

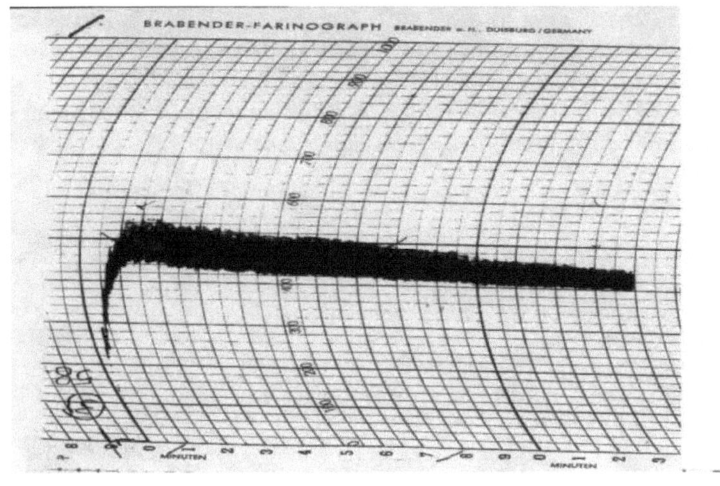

10% de mandioca + 90% de farinha de trigo 72% de extração

Fig (5): Efeito da adição de mandioca à farinha de trigo (72% de extração) no parâmetro farinograma

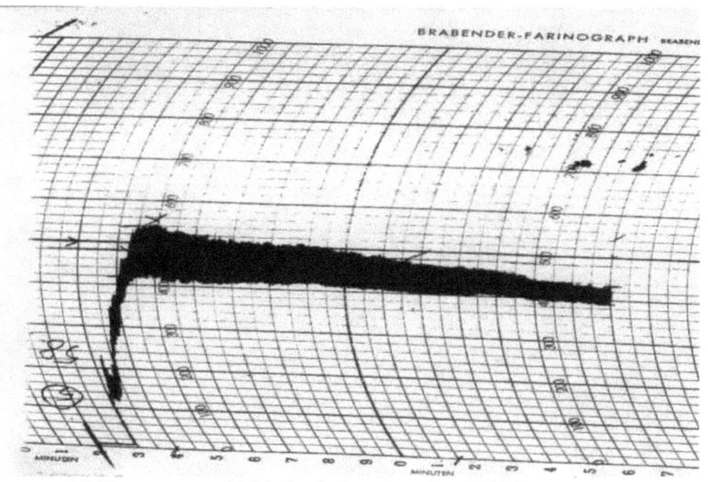

20%cassava+80% farinha de trigo 72% extração

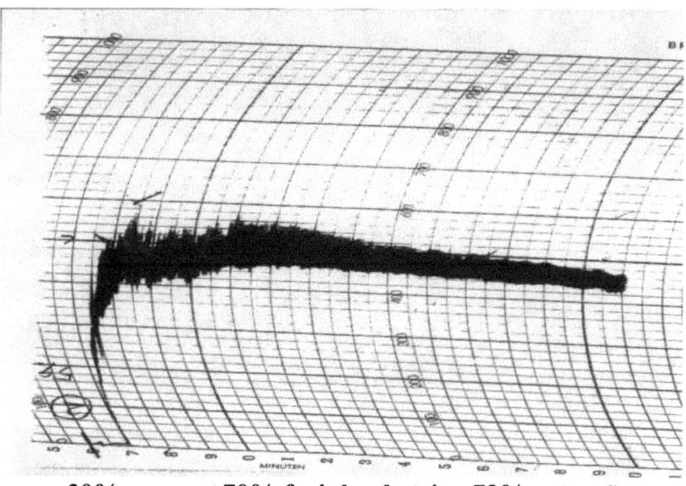

30%cassava+70% farinha de trigo 72% extração

Fig (6): Efeito da adição de mandioca à farinha de trigo (72% de extração) no parâmetro Farinograma

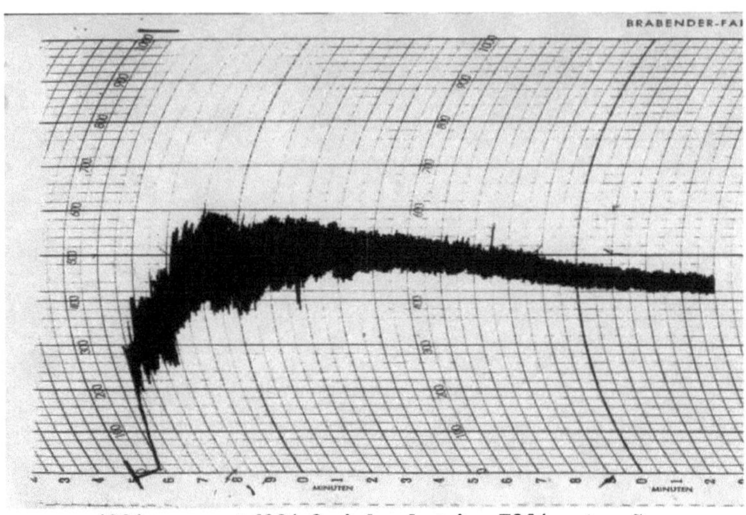

40%cassava+60% farinha de trigo 72% extração

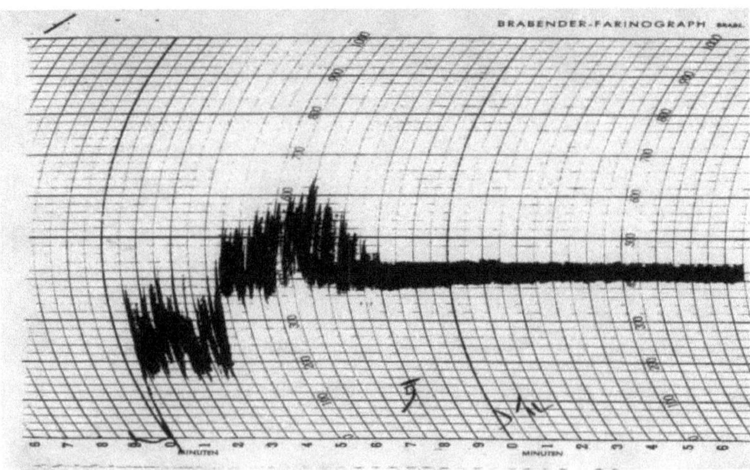

50%cassava+50% farinha de trigo 72% extração

Fig (7): Efeito da adição de mandioca à farinha de trigo (72% de extração) no parâmetro Farinograma

A mesma tabela mostra que a adição de farinha de mandioca à massa de trigo aumentou o tempo de mistura em comparação com a amostra de controlo, em que o tempo de mistura aumentou de 2,0 min no controlo para 6,0 min, de acordo com o tratamento adicional. O valor mais elevado do tempo de mistura foi observado com 50% de adição de farinha de mandioca, enquanto 10, 20 e 30 % de adição de farinha de mandioca tiveram resultados semelhantes de tempo de mistura com a amostra de controlo.

Os mesmos dados foram obtidos por **Defloor *et al.*, (1993)** e **Khalil *et al.*, (2000)**. Verificaram que a adição de farinha de mandioca à farinha de trigo aumentou o tempo de mistura. Referiram que este aumento do tempo de mistura pode dever-se à diminuição do teor de glúten na massa de trigo-farinha de mandioca, o que aumentou o tempo necessário para criar a rede de glúten. Quanto ao efeito do tratamento adicional na estabilidade da massa, é bastante óbvio que a adição de farinha de mandioca diminuiu a estabilidade da massa de 8,0 minutos na amostra de controlo para 7,0, 7,5 e 4,0 minutos com 10, 20 e 50% de adição de farinha de mandioca. A diminuição da estabilidade da massa com o aumento da adição de farinha de mandioca também foi obtida por **Ciacco** e **D'Appolonia, (1978).** Esta diminuição deveu-se também à diminuição do teor de glúten nas massas compostas de trigo e mandioca, enquanto os tratamentos com 30 e 40% de farinha de mandioca aumentaram a estabilidade da massa para 9,5 e 11,0 minutos em comparação com a amostra de controlo. O aumento da estabilidade da massa pode dever-se a um teor mais elevado de cinzas da massa composta, que aumentou a estabilidade, tal como referido por **Khan *et al.*, (1976).** Os resultados do quadro (11) indicam que a adição de farinha de mandioca à farinha de trigo aumentou o enfraquecimento da massa de 60 U.B. no controlo para 70, 70 e 80 U.B. com 10, 20 e 50% de adição de farinha de mandioca, enquanto os tratamentos de 30 e 40% de farinha de mandioca diminuíram o enfraquecimento da massa para 45 e 50 U.B. em comparação com a amostra de controlo. O aumento do enfraquecimento da massa foi obtido por **Mobarak, (1995),** devido à quebra da rede de glúten.

2.1. Propriedades do extensograma

A Tabela (12) e as Figuras (8, 9 e 10) mostram claramente o efeito da adição de farinha de mandioca na resistência à extensão, extensibilidade, número proporcional e energia da massa. Os resultados mostraram que a adição de farinha de mandioca aumenta a resistência da massa à extensão com 30% de farinha de mandioca de 230 U.B. no controlo para 400 e 430 U.B., respetivamente. Enquanto os outros tratamentos com 10, 20 e 50% de adição de farinha de mandioca tiveram o resultado próximo da resistência à extensão (200,220 e 220B.U), respetivamente.

Estes resultados coincidem com os resultados obtidos por **Olatunji e Akinrele, (1978) e Mobarak, (1995).**

Os resultados na Tabela (12) e Fig. [8, 9, e 10] também mostraram que a adição de farinha de mandioca à farinha de trigo diminuiu a extensibilidade de 130 mm no controlo para 115, 100, 70, e 75 e 75 mm a 10, 20, 30, 40 e 50% de níveis de farinha de mandioca, respetivamente. Esta diminuição da extensibilidade pode ser devida à diminuição do teor de gliadina na farinha de mandioca em comparação com a farinha de trigo (72% de extração). Resultados semelhantes foram registados por **Ciacco e D'Appolonia, (1978) e Mobarak, (1995).**

Os resultados apresentados no Quadro (12) e nas Figuras (8, 9, 10) mostraram um aumento do número proporcional de 1,8 no controlo para 2,2, 5,7 e 2,9 quando a farinha de mandioca foi adicionada a 20, 30, 40 e 50%. Enquanto o tratamento com 10% de farinha de mandioca diminuiu o número proporcional para 1,7 em comparação com a amostra de controlo, o aumento do número proporcional também foi relatado por **Olatunji e Akinrele, (1978) e Mobarak, (1995).**

Os resultados no Quadro (12) e na Fig. (8, 9, 10) mostraram que a área sob a curva (energia) diminuiu com a adição de farinha de mandioca de 54 cm^2 no controlo para 45, 42, 52 e 35 cm^2 a 10, 20, 30 %, níveis de farinha de mandioca, enquanto o tratamento com 40% de farinha de mandioca aumentou a área para 57 cm^2 em comparação com a amostra de controlo, este aumento na área pode dever-se à elevada percentagem de fibra da farinha de mandioca, que aumentou a dureza da massa e aumentou a energia da massa (força).

O decréscimo da área sob a curva (energia) foi também referido por **Mobarak,**

(1995). Indicou que a diminuição da energia se devia à diminuição da força da massa (a rede de glúten) com o aumento da adição de farinha de mandioca. Enquanto **Khalil *et al.*, (2000)** indicaram que a adição de farinha de mandioca à farinha de trigo a 20, 30, 40 e 50% aumentava a força da massa de farinha de trigo (72% de extração).

Tabela (12) Dados extensográficos da massa de farinha de trigo afectados pela adição de farinha de mandioca

Treatment	R	E	R/E	Energy(cm^2)
1	230	130	1.8	54
2	200	115	1.7	45
3	220	100	2.2	42
4	400	70	5.7	52
5	430	75	5.7	57
6	220	75	2.9	35

R= resistência à extensão (B.U.)
E= extensibilidade (mm)
R/E= número proporcional
B.U. = Unidade Brabender

Tratamento 1=controlo (100% farinha de trigo 72% extração)
Tratamento 2=10%cassava+90%farinha de trigo 72% extração
Tratamento 3=20%cassava+80% farinha de trigo 72% extração
Tratamento 4=30%cassava+70% farinha de trigo 72% extração
Tratamento 5=40%cassava+60% farinha de trigo 72% extração
Tratamento 6=50%cassava+50% farinha de trigo 72% extração

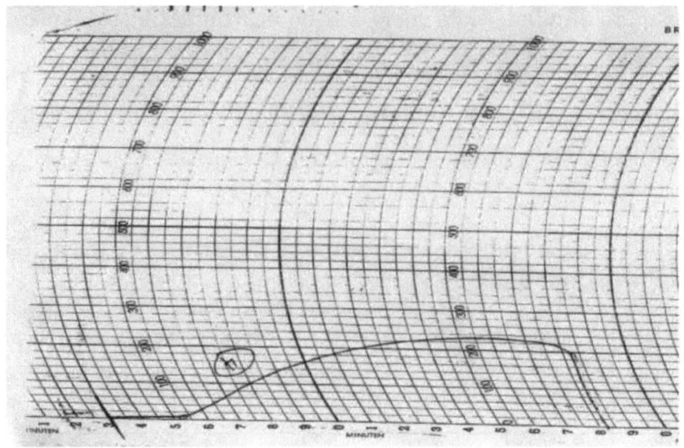

Controlo (100% farinha de trigo 72% extração)

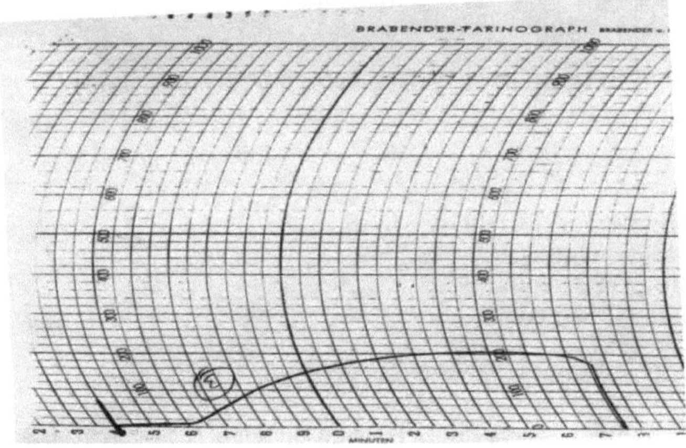

10% de mandioca + 90% de farinha de trigo 72% de extração

Fig. (8): Efeito da adição de mandioca à farinha de trigo (72% de extração) no parâmetro Extensograma

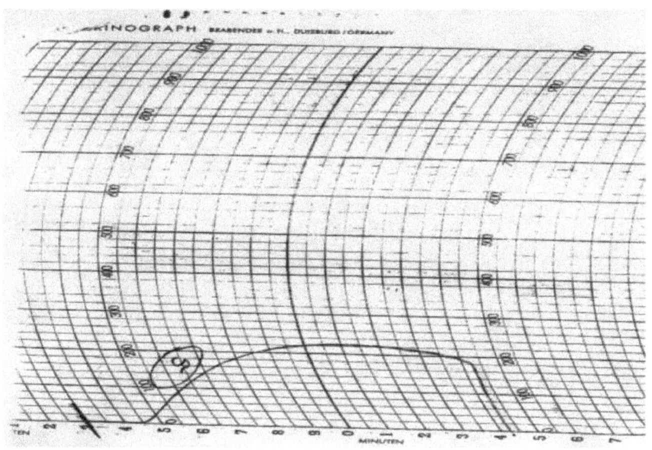

20%cassava +80% farinha de trigo 72% extração

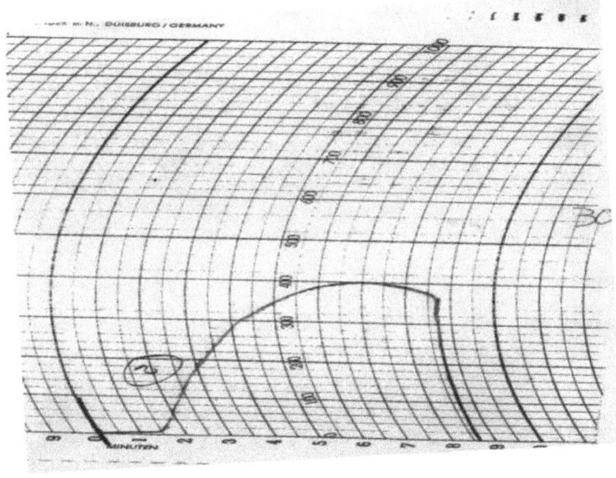

30%cassava +70% farinha de trigo 72% extração

Fig. (9): Efeito da adição de mandioca à farinha de trigo (72% de extração) no parâmetro Extensograma

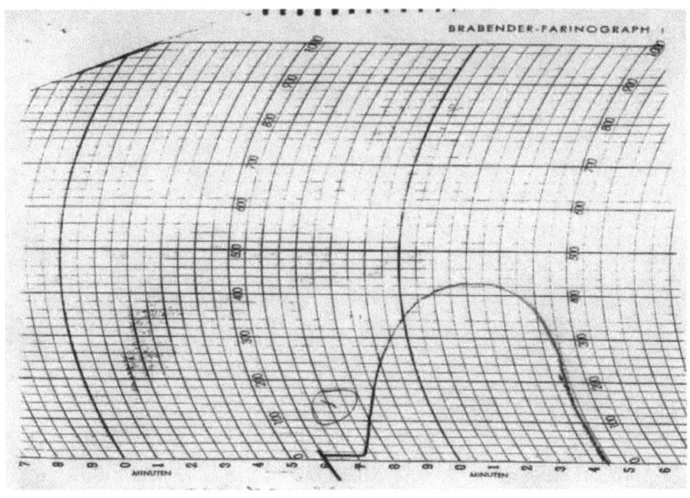

40% de mandioca + 60% de farinha de trigo 72% de extração

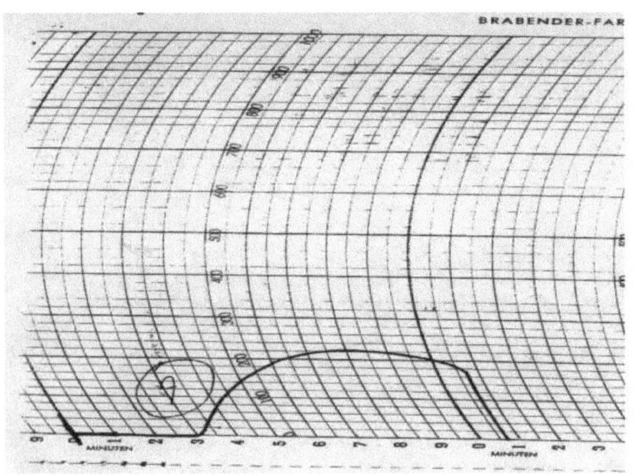

50%cassava +50% farinha de trigo 72% extração

Fig. (10): Efeito da adição de mandioca à farinha de trigo (72% de extração) no parâmetro Extensograma

3. Produto de pão de forma

3.1. Efeito da adição de farinha de mandioca à farinha de trigo nas propriedades físicas do pão de forma.

Os resultados na Tabela (13) e na Fig. (11) mostraram o efeito da adição de farinha de mandioca à farinha de trigo (72% de extração) nas propriedades físicas do pão de forma produzido. A partir destes dados, pôde-se ver que quando a farinha de trigo foi substituída por farinha de mandioca a 10, 20, 30, 40 e 50%, o peso dos pães de forma aumentou à medida que a adição de misturas de farinha de mandioca aumentou, o peso foi (82,87g) no controlo, (88,47, 94,21, 98,14, 102,39 e 107,96g) para 10, 20, 30, 40 e 50% de adição de farinha de mandioca; respetivamente.

O volume dos pães diminuiu com o aumento dos níveis de farinha de mandioca de (190 cm^3) no controlo para (188, 180, 178, 150 e 120 cm^3) para 10, 20, 30, 40 e 50% de nível de adição de farinha de mandioca, respetivamente. Este aumento do peso do pão de forma deve-se à elevada percentagem de absorção de água da farinha de mandioca em comparação com a absorção de água da farinha de trigo pura. Por outro lado, a diminuição do volume do pão com a adição de farinha de mandioca pode dever-se ao aumento da extensibilidade da massa com o aumento dos níveis de farinha de mandioca.

Tabela (13): Efeito da adição de farinha de mandioca à farinha de trigo nas propriedades físicas do pão de forma

Treatment	Height (cm)	Weight (g)	Volume (Cm^3)	specific volume (Cm^3/ g)
1	4.5	82.87	190	2.29
2	4.32	88.47	188	2.12
3	3.96	94.21	180	1.91
4	4.15	98.14	178	1.81
5	3.54	102.39	150	1.46
6	3.24	107.96	120	1.11

Tratamento 1=controlo (100% farinha de trigo 72% extração)
Tratamento 2=10%cassava +90 % farinha de trigo 72% extração
Tratamento 3=20%cassava+80% farinha de trigo 72% extração
Tratamento 4= 30%cassava+70% farinha de trigo 72% extração
Tratamento 5=40%cassava+60% farinha de trigo 72% extração

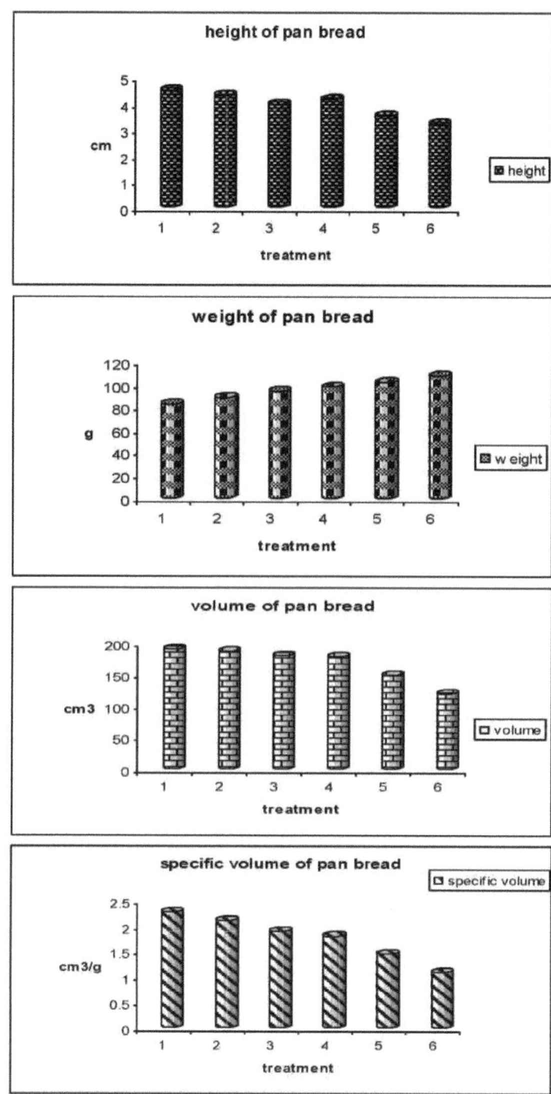

Fig. (11): Efeito da adição de farinha de mandioca à farinha de trigo nas propriedades físicas do pão de forma

O mesmo resultado para o peso e volume do pão de trigo - mandioca foi obtido por **Defloor et al., (1993),** que descobriram que a adição de farinha de mandioca à farinha de trigo aumentou o peso dos pães e diminuiu o volume dos pães quando a farinha de mandioca foi adicionada a 15 e 30% do nível de substituição. Os resultados apresentados no Quadro (13) também mostraram uma diminuição da altura do pão de forma de 4,5 cm no controlo para 4,32, 3,96, 4,15, 3,54 e 3,24 cm quando a farinha de mandioca foi adicionada a níveis de 10, 20, 30, 40 e 50 % à farinha de trigo (72 %); respetivamente, a diminuição da altura do pão de forma pode dever-se à diminuição do teor de proteínas do pão de forma, que é o principal fator que afecta a altura do pão.

Também o volume específico diminuiu de 2,29cm^3 /g no controlo para 2,12, 1,91, 1,81, 1,46 e 1,11cm^3 /g ao mesmo nível de substituição, respetivamente. Estes resultados estão de acordo com os relatados por **Eggleston *et al.*, (1993),** que relataram que os volumes específicos de pão produzidos a partir de farinhas compostas de trigo e mandioca diminuíram com o aumento do nível de substituição de 10 a 40% de farinha de mandioca.

Esta diminuição do volume do pão de forma, do volume específico e da altura do pão, reduziu a qualidade de cozedura do pão de forma (especialmente a 20, 30, 40 e 5 % de níveis de adição de farinha de mandioca), enquanto o pão de forma pode ser produzido com boa qualidade a 10% de adição de farinha de mandioca.

3.2. Efeito da adição de farinha de mandioca à farinha de trigo na avaliação sensorial do pão de forma

Os dados da avaliação sensorial do pão de forma cozido com farinha de trigo e farinha de mistura de trigo e mandioca foram registados na Tabela (14) e na Fig. (12). Os resultados revelaram que há grandes diferenças significativas na aceitabilidade global do pão de forma entre o controlo e os tratamentos (20, 30, 40 e 50% de adição de níveis de farinha de mandioca), enquanto a adição de farinha de mandioca a 10% não mostrou uma diferença significativa na aceitabilidade global em comparação com a amostra de controlo (a um nível significativo de 0,05).

Os resultados da Tabela (14) indicam que a adição de farinha de mandioca à farinha de trigo afectou todas as propriedades de palatabilidade do pão (aspeto geral, sabor, esponja, cor, distribuição do miolo e odor) da seguinte forma

1- O aspeto geral mostrou diferenças significativas entre o controlo e o tratamento com 50% de adição de farinha de mandioca, enquanto o sabor dos pães não mostrou diferenças significativas (a um nível de significância de 0,05) em todos os tratamentos (10, 20, 30, 40 e 50% de adição de farinha de mandioca) em comparação com a amostra de controlo.

Tabela (14): Efeito da adição de farinha de mandioca à farinha de trigo na avaliação sensorial do pão de forma

Treatment	Appearance (20)	Taste (20)	Sponge (15)	Color (15)	Texture (15)	Odor (15)	Overall acceptability (100)
1	17.25	16.10	12.65	13.4	14.65	14.15	88.20
2	19.00	17.80	13.15*	12.25*	13.55*	12.55	88.30
3	15.80	15.60	9.85*	9.70*	9.55*	11.50	72.00*
4	13.60	15.40	10.00*	8.30*	9.30*	10.70*	67.30*
5	13.40	16.00	9.95*	9.05*	9.75*	11.20*	69.35*
6	12.60*	14.60	9.05*	7.40*	9.50*	10.9*	64.05*
LSD	4.00	3.69	1.70	2.30	1.77	2.72	9.57

*** A diferença média é significativa ao nível de 0,05.**

Tratamento l=controlo (100% farinha de trigo 72% extração)
Tratamento 2=10%cassava +90 % farinha de trigo 72% extração
Tratamento 3=20%cassava+80% farinha de trigo 72% extração
Tratamento 4= 30%cassava+70% farinha aquecida 72% extração
Tratamento 5=40%cassava+60% farinha de trigo 72% extração
Tratamento 6=50%cassava+50% farinha de trigo 72% extração

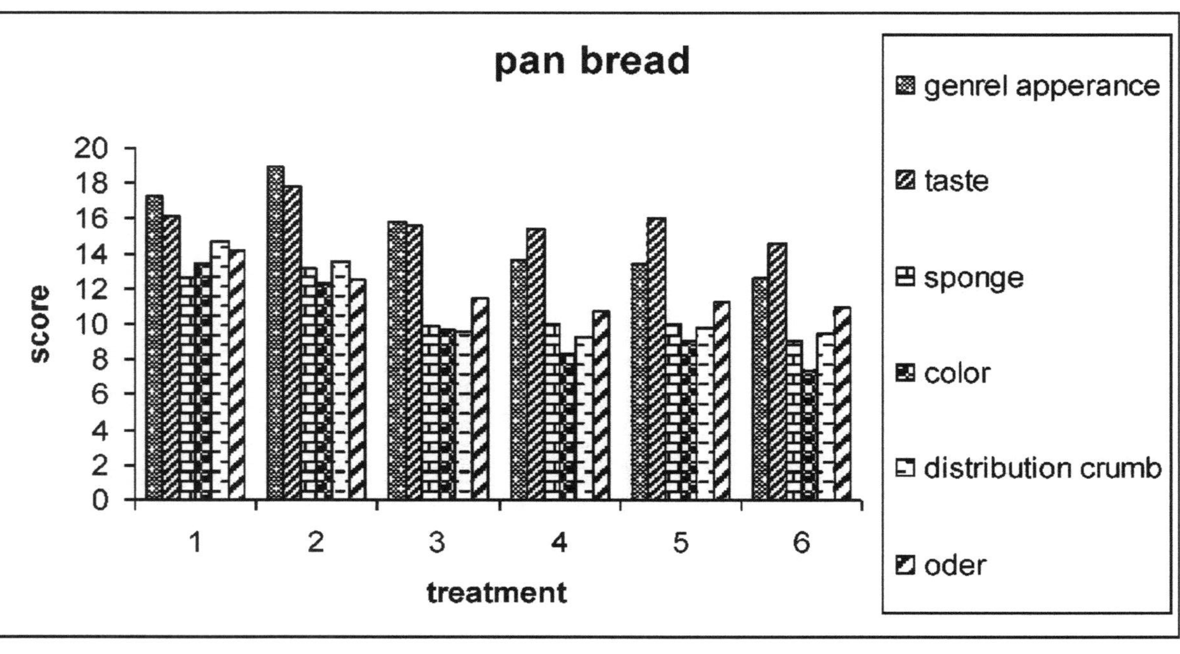

Fig. (12): Efeito da adição de farinha de mandioca à farinha de trigo na avaliação sensorial do pão de forma

2- O odor mostrou uma diferença significativa (nível 0,05) nos níveis de 30, 40 e 50% de adição de mandioca.

3- A esponja, a cor e a distribuição do miolo mostraram uma diferença significativa (a 0,05 níveis) entre o controlo e os outros tratamentos a 10, 20, 30, 40 e 50% de nível de adição de farinha de mandioca. Estes dados significam que a adição de farinha de mandioca a um nível de substituição de 10% deu boas caraterísticas ao pão de forma produzido, enquanto que a um nível superior a 10% todas as caraterísticas testadas do pão de forma diminuíram, em comparação com a amostra de controlo, e mostraram pães de forma não aceitáveis. A pontuação total mais elevada foi observada no controlo e na adição de 10% de farinha de mandioca (88,2 e 88,3), enquanto a pontuação mais baixa (64,05) foi indicada na adição de 50% de farinha de mandioca.

5.3. Efeito da adição de farinha de mandioca à farinha de trigo na composição química do pão de forma.

A composição química do pão de forma feito com farinha de trigo substituída por diferentes níveis de farinha de mandioca é apresentada na Tabela (15) e na figura [13]. A partir destes dados, é óbvio que o teor de cinzas aumentou de 1,50% no controlo para 1,76, 1,97, 2,56, 2,76 e 2,95% com 10, 20, 30, 40 e 50% de adição de farinha de mandioca. O teor de hidratos de carbono também aumentou de 85,28% no controlo para 85,67, 85,96, 86,61, 86,97 e 87,76% a 10, 20, 30, 40 e 50% de níveis de substituição. Enquanto o teor de lípidos diminuiu de 0,62% no controlo para 0,51, 0,46, 0,41, 0,36 e 0,31% a 10, 20, 30, 40 e 50% de adição de níveis de mandioca.

Tabela (15): Efeito da adição de farinha de mandioca à farinha de trigo na composição química do pão de forma (com base no peso seco)

Treatment	Protein %	Ash %	Lipid %	Crude fiber %	Total carbohydrate %	Reducing Sugar %	Non reducing sugars %	Total sugars %
1	12.33	1.5	0.62	0.37	85.28	5.41	0.27	5.68
2	11.74	1.76	0.51	0.42	85.67	6.10	0.37	6.47
3	11.10	1.97	0.46	0.51	85.96	6.49	0.43	6.92
4	10.12	2.56	0.41	0.60	86.61	6.88	0.70	7.58
5	9.16	2.76	0.36	0.77	86.97	7.29	0.98	8.27
6	8.44	2.95	0.31	0.94	87.76	7.7	1.26	8.96

Tratamento 1=controlo (100% farinha de trigo 72% extração)
Tratamento 2=10% mandioca +90% farinha de trigo 72% extração
Tratamento 3=20%cassava+80% farinha de trigo 72% extração
Tratamento 4=30%cassava+70% farinha de trigo 72% extração
Tratamento 5=40% cas sa va+60% farinha de trigo 72% extração
Tratamento 6=50%cassava+50% farinha de trigo 72% extração

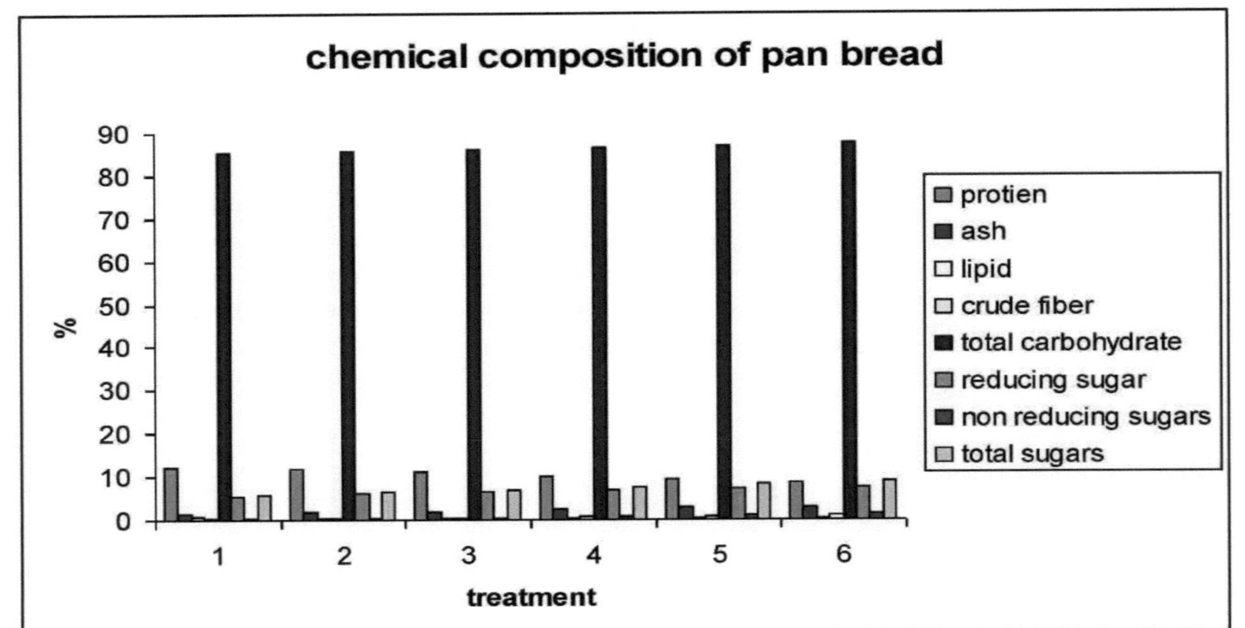

Fig.(13): Efeito da adição de farinha de mandioca à farinha de trigo na composição química do pão de forma (com base no peso seco)

Também se pode notar que o teor de proteínas diminuiu de 12,33% no controlo para 11,74, 11,10, 10,12, 9,16 e 8,44% quando a farinha de mandioca foi adicionada de 10 a 50%. No que respeita aos açúcares redutores, não redutores e totais, verificou-se que, com o aumento da percentagem de adição de farinha de mandioca à farinha de trigo, os açúcares redutores, não redutores e totais aumentaram. É evidente que o teor de açúcares redutores foi mais elevado do que o teor de açúcares não redutores, podendo esta diferença dever-se ao efeito da levedura, que transformou os polissacáridos em monossacáridos. Por outro lado, o teor de fibra aumentou com o aumento do nível de substituição da farinha de mandioca de 0,37% no controlo para 0,42, 0,50, 0,60, 0,77 e 0,94% a 10, 20, 30, 40 e 50% de adição de farinha de mandioca, este aumento deve-se ao elevado teor de fibra da farinha de mandioca em comparação com o seu teor na farinha de trigo (72% de extração).

5.4. Efeito da adição de farinha de mandioca à farinha de trigo na taxa de endurecimento do pão de forma

A capacidade de retenção de água alcalina (A.W.R.C.) é um bom teste para avaliar a taxa de estagnação durante o armazenamento (**Kitterman e Rubentholar, 1971**). A Tabela (16) e a Figura (14) mostram os resultados da A.W.R.C. para pão de forma durante 72 horas de armazenamento. A partir dos dados representados na Tabela (16), é evidente que o A.W.R.C. diminuiu à medida que os períodos de armazenamento aumentaram. Após 24 horas, a frescura do

A frescura do pão diminuiu em 386,35, 305,21, 276,29, 264,7, 305,6 e 339,16%, para o controlo e quando a farinha de mandioca foi adicionada a níveis de 10, 20, 30, 40 e 50%. Após 48 horas de armazenamento, a frescura diminuiu em 267,25, 276,11, 271,19, 250,25, 268,01 e 308,8% para o controlo e quando a farinha de mandioca foi adicionada a níveis de 10 a 50%. Enquanto que após 72 horas de armazenamento a frescura diminuiu em 253.16, 258.15, 257.37, 242.42, 258.38 e 293.88% para o controlo e com 10, 20,30, 40 e 50% de adição de farinha de mandioca,

respetivamente. A partir dos resultados acima, pôde-se ver que a adição de 10, 40 e

50% de farinha de mandioca à farinha de trigo (72% de extração), deu um pão com melhor frescura do que a amostra de controlo e o outro tratamento de adição de farinha de mandioca, enquanto a taxa de diminuição (R.D) aumentou durante o armazenamento, mas o grau de perda foi menor no tratamento com 40 e 50% de farinha de mandioca, do que no controlo e no outro tratamento (10, 20 e 30% de adição de farinha de mandioca). O aumento dos valores de A.W.R.C. deveu-se às caraterísticas das propriedades hidroscópicas do material utilizado.

Tabela (16): Efeito da adição de farinha de mandioca à farinha de trigo na na retenção de água alcalina do pão de forma

Treatment	Fresh	after 24 h.	R.D %	After 48h.	R.D %	After 72h.	R.D %
1	300.01	286.35	4.55	267.25	10.92	253.16	15.61
2	325.04	305.21	6.1	276.11	15.52	258.15	20.57
3	293.72	276.29	5.93	271.19	7.67	257.37	12.37
4	277.46	264.7	4.59	250.25	9.8	242.42	12.69
5	314.8	305.6	2.92	268.01	14.86	258.38	17.92
6	342.53	339.16	0.98	308.82	9.84	293.88	14.2

Tratamento 1=controlo (100% farinha de trigo 72% extração)
Tratamento 2=10%cassava +90 % farinha de trigo 72% extração
Tratamento 3=20%cassava+80% farinha de trigo 72% extração
Tratamento 4= 30%cassava+70% farinha de trigo 72% extração
Tratamento 5=40%cassava+60% farinha de trigo 72% extração
Tratamento 6=50%cassava+50% farinha de trigo 72% extração
R.D. = Taxa de decréscimo

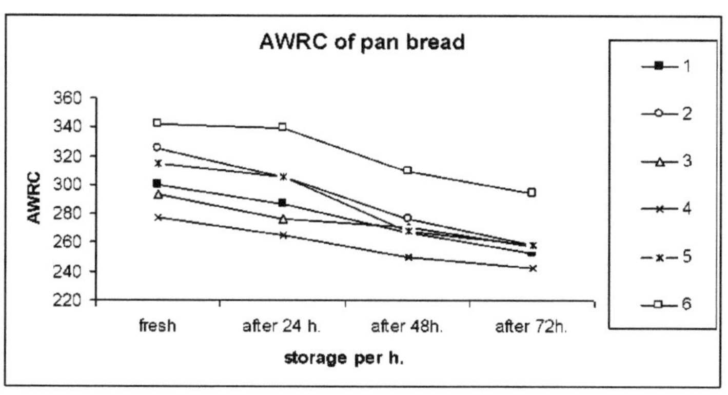

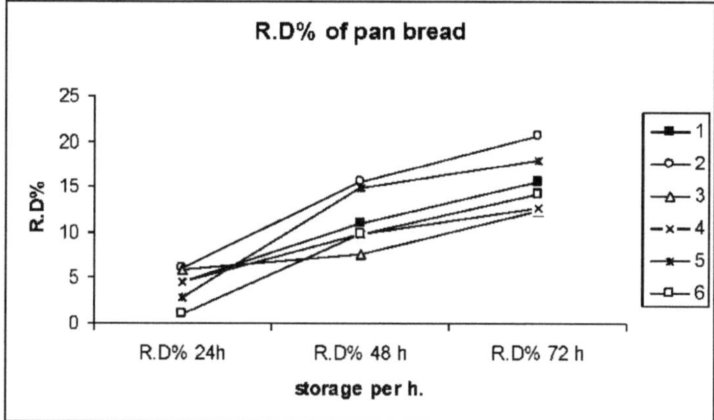

Fig. (14): Efeito da adição de farinha de mandioca à farinha de trigo na retenção de água alcalina do pão de forma

6. Produto para cupcakes.

6.1. Efeito da adição de farinha de mandioca à farinha de trigo nas propriedades físicas do cupcake

As propriedades físicas do cupcake preparado a partir de farinha de trigo (72 % de extração), com diferentes níveis de farinha de mandioca, foram estudadas e os resultados obtidos encontram-se na Tabela (17) e ilustrados na Fig (15).

A partir dos resultados apresentados, pôde-se observar que o peso do cupcake aumentou com o aumento dos níveis de farinha de mandioca de 126,35g no controlo para 127,80, 129,45, 130,50, 134,50 e 135,15g a 10, 20, 30, 40 e 50% de níveis de substituição de farinha de mandioca, respetivamente. Este aumento no peso dos cupcakes pode ser devido ao aumento da absorção de água em comparação com a absorção de água da farinha de trigo. Enquanto a altura dos bolos diminuiu com o aumento da adição de farinha de mandioca de 6,0 cm no controlo para 5,90, 5,70, 5,50, 5,20 e 5,10 cm quando a farinha de mandioca foi adicionada a níveis de 10 a 50%. Também o volume e o volume específico diminuíram com o aumento da adição de farinha de mandioca de 350 cm^3 e 2,77 cm^3 /g, no controlo, para 342 e 2,67, 330 e 2,54, 260 e 1,99, 260 e 1,93, 240 cm^3 / g e 1,77cm^3 / g a 10, 20, 30, 40 e 50% de nível de adição de farinha de mandioca.

Tabela (17): Efeito da adição de farinha de mandioca à farinha de trigo nas propriedades físicas do cup cake

Treatment	Height (cm)	Weight (g)	Volume (Cm^3)	specific volume (Cm^3/ g)
1	6.00	126.35	350	2.77
2	5.90	127.80	342	2.67
3	5.70	129.45	330	2.54
4	5.50	130.50	260	1.99
5	5.20	134.50	260	1.93
6	5.10	135.15	240	1.77

Tratamento 1=controlo (100% farinha de trigo 72% extração)
Tratamento 2=10% mandioca +90% farinha de trigo 72% extração
Tratamento 3=20% mandioca+80% farinha de trigo 72% extração
Tratamento 4= 30% mandioca+70% farinha de trigo 72% extração
Tratamento 5=40% mandioca+60% farinha de trigo 72% extração
Tratamento 6=50% mandioca+50% farinha de trigo 72% extração

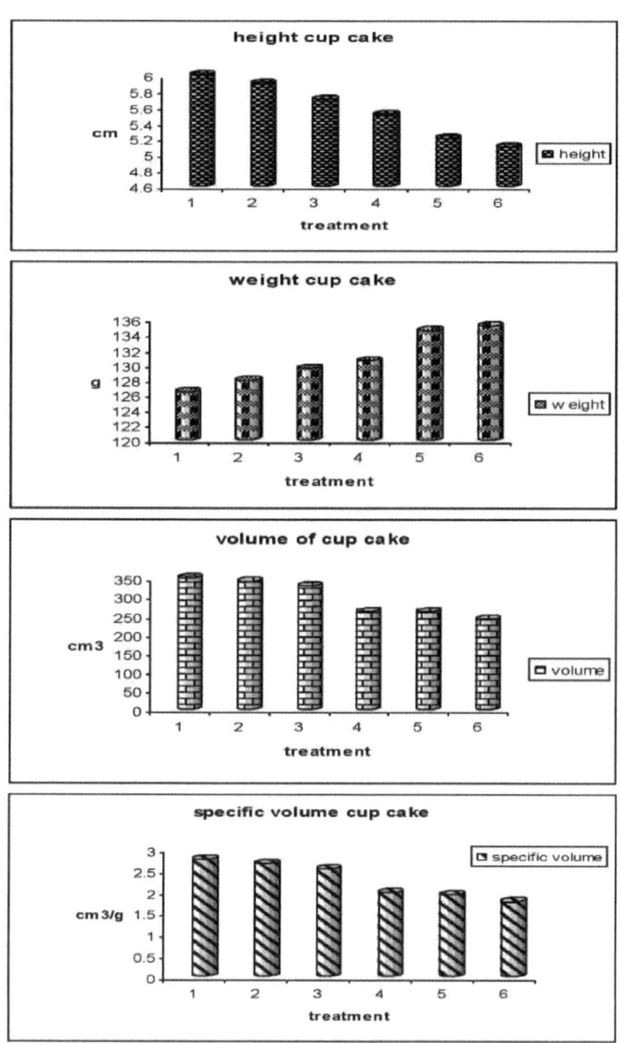

Fig. (15): Efeito da adição de farinha de mandioca à farinha de trigo nas propriedades físicas do cupcake

A partir destes dados, podemos observar que as propriedades físicas do cupcake se comportaram quase na mesma tendência que no pão de forma, com pequenas variações devido aos aditivos no caso da preparação do cupcake, como os ovos, que diminuíram a taxa de diminuição da altura, volume e volume específico em comparação com a sua taxa de aumento nas propriedades físicas do pão de forma.

6.2. Efeito da adição de farinha de mandioca à farinha de trigo na avaliação sensorial de cupcake.

As caraterísticas sensoriais (textura, cor da coalhada, sabor, odor, aspeto geral e aceitabilidade global) dos cupcakes preparados com farinha de trigo contendo farinha de mandioca em diferentes níveis foram avaliadas por dez membros do painel e os dados obtidos foram analisados estatisticamente como se mostra na Tabela (18) e na Fig. (16). A partir dos resultados apresentados na Tabela (18) e na Fig. (16), pode notar-se que a adição de farinha de mandioca à farinha de trigo (72% de extração) levou à produção de cupcakes sem diferenças significativas (ao nível de 0,05) em todas as caraterísticas do cupcake entre o controlo e o cupcake com 10% de adição de farinha de mandioca, enquanto que ao nível de 20% de adição de farinha de mandioca mostrou diferenças significativas apenas na cor da crosta. Aumentar o nível de adição de farinha de mandioca para 30% mostrou diferenças significativas (ao nível de 0,05) na cor da crosta, aparência geral e aceitabilidade geral.

Tabela (18): Efeito da adição de farinha de mandioca à farinha de trigo na avaliação sensorial do cupcake

Treatment	Texture (20)	Crust color (20)	Taste (20)	Odor (20)	General appearance (20)	Overall acceptability (100)
1	17.4	17.8	17.0	14.8	17.4	84.4
2	16.8	16.00	17.0	16.4	17.0	83.2
3	16.00	15.00*	16.6	15.4	15.4	78.4
4	13.00*	15.00*	16.6	14.8	14.0*	73.4*
5	15.60	15.4	16.6	17*	16.6	81.2
6	13.4*	15.20*	16.6	14.0	11.0*	70.2*
LSD	1.08	2.42	1.89	2.18	2.14	6.45

* A diferença média é significativa ao nível de 0,05.

Tratamento l=controlo (100% farinha de trigo 72% extração)
Tratamento 2=10% mandioca +90% farinha de trigo 72% extração
Tratamento 3=20% mandioca+80% farinha de trigo 72% extração
Tratamento 4= 30% mandioca+70% farinha de trigo 72% extração
Tratamento 5=40% mandioca+60% farinha de trigo 72% extração
Tratamento 6=50% mandioca+50% farinha de trigo 72% extração

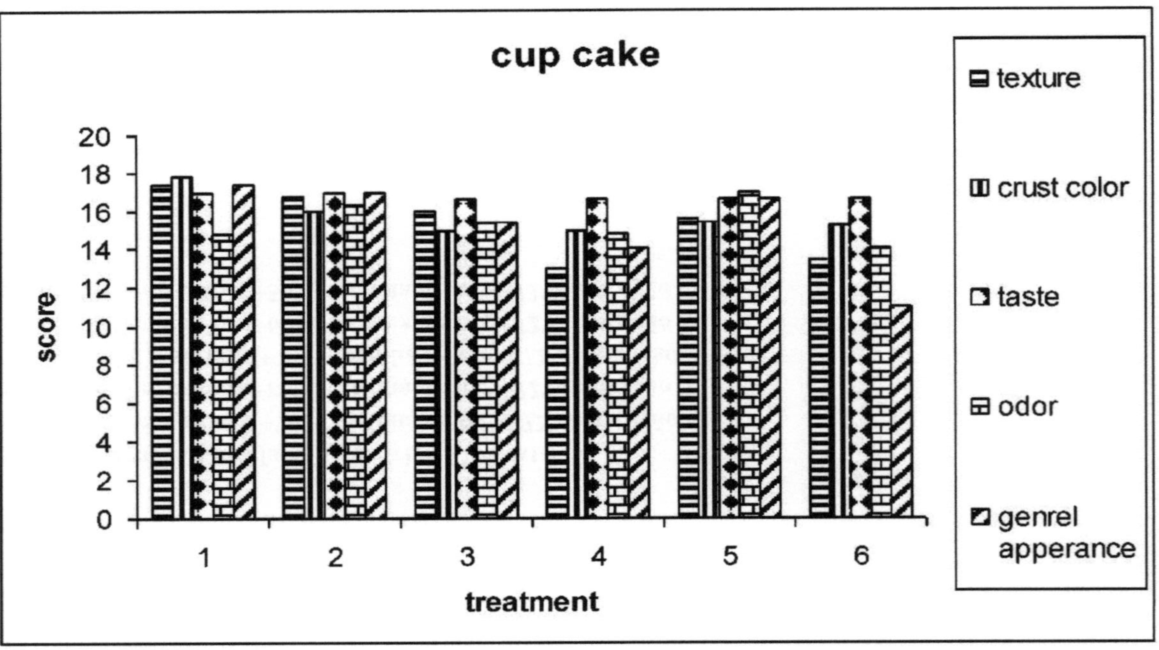

Fig. (16): Efeito da adição de farinha de mandioca à farinha de trigo na avaliação sensorial do cupcake

Enquanto o nível de adição de 40% de farinha de mandioca ao cupcake mostrou uma diferença significativa no odor com uma pontuação mais elevada do que a pontuação de odor da amostra de controlo. O tratamento com 50% de adição de farinha de mandioca mostrou uma diferença significativa na textura, cor da côdea, aspeto geral e aceitabilidade global, (a um nível de significância de 0,05). A pontuação total mais elevada foi observada no controlo, enquanto a mais baixa foi observada no nível de adição de 50% de farinha de mandioca. A partir dos resultados apresentados na Tabela (18) e na Fig. (16), pode notar-se que a adição de farinha de mandioca a 10, 20 e 40% à farinha de trigo (72% de extração) produziu cupcakes bons para todas as caraterísticas avaliadas.

6.3. Efeito da adição de farinha de mandioca à farinha de trigo na composição química do cupcake.

As composições químicas do cupcake influenciadas pela adição de diferentes níveis de farinha de mandioca à farinha de trigo foram estudadas e os resultados obtidos são mostrados na Tabela (19) e na Figura (17). Verificou-se que os teores de fibra bruta aumentaram com o aumento dos níveis de adição de farinha de mandioca de 0,59% no controlo para 0,60, 0,61, 0,62, 0,63 e 0,64% a 10, 20, 30, 40 e 50% de adição de farinha de mandioca, respetivamente. É logicamente comparável ao encontrado na farinha de trigo (72% de extração) devido ao elevado teor de fibra da farinha de mandioca

Tabela (19): Efeito da adição de farinha de mandioca à farinha de trigo na composição química do cupcake (ou base de peso seco')

Treatment	Protein %	Ash %	Lipid %	Crude fiber %	Total carbohydrate %	Reducing Sugar %	Non reducing sugars %	Total sugars %
1	18.88	1.52	17.6	0.59	61.61	1.06	17.88	18.94
2	16.94	1.61	16.24	0.60	64.81	1.80	17.38	21.18
3	14.95	1.71	16.75	0.61	65.98	2.67	17.57	21.24
4	12.94	1.75	17.33	0.62	67.56	3.54	17.76	21.3
5	12.04	1.77	16.56	0.63	68.77	3.59	17.89	21.48
6	10.82	1.79	16.63	0.64	70.32	3.65	18.01	21.66

Tratamento l=controlo (100% farinha de trigo 72% extração)
Tratamento 2=10% mandioca +90% farinha de trigo 72% extração
Tratamento 3=20 % mandioca+80% farinha de trigo 72% extração
Tratamento 4= 30% mandioca+70% farinha de trigo 72% extração
Tratamento 5 =40% mandioca+60% farinha de trigo 72% extração
Tratamento 6=50% mandioca+50% farinha de trigo 72% extração

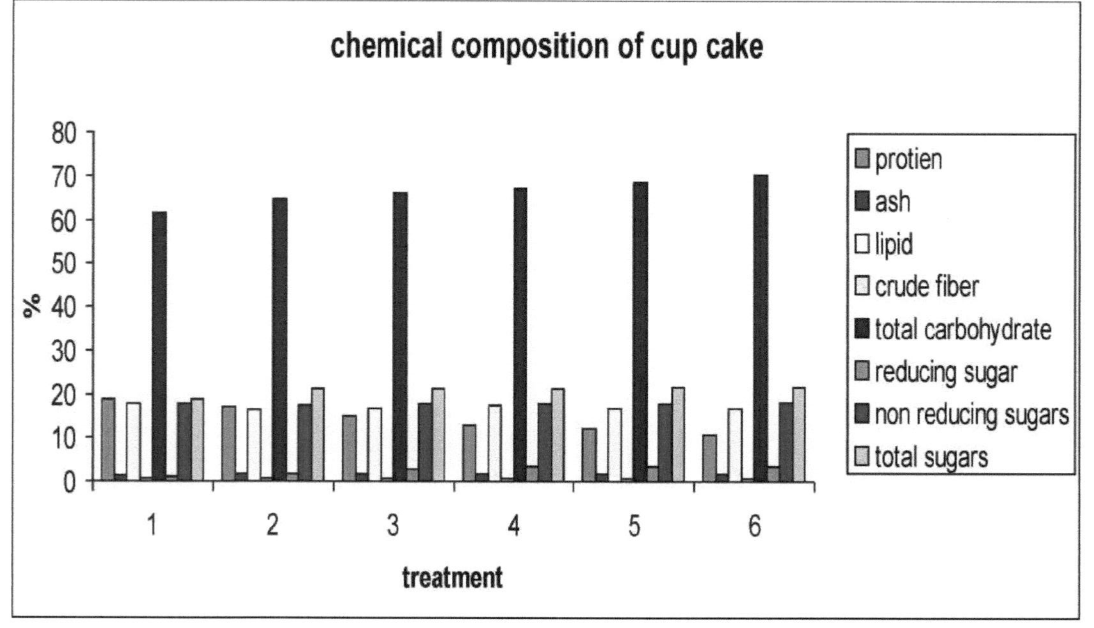

Fig. (21): Efeito da adição de farinha de mandioca à farinha de trigo na composição química do cupcake (base de peso seco)

Comparado com o seu conteúdo de farinha de trigo (72% de extração). Além disso, o teor de cinzas aumentou com o aumento da adição de farinha de mandioca de 1,52% no controlo para 1,61, 1,71, 1,77 e 1,79%, quando a farinha de mandioca foi adicionada de 10 a 50%, respetivamente. O teor de proteínas diminuiu de 18,88% no controlo para 16,94, 14,95, 12,94, 12,04 e 10,82%, a 10, 20, 30, 40 e 50% adição de farinha de mandioca à farinha de trigo, enquanto o teor total de hidratos de carbono aumentou de 61,61% no controlo para 65,98, 67,56, 68,77 e 70,32% com os mesmos níveis de adição de farinha de mandioca. Os açúcares redutores, não redutores e totais aumentaram com o aumento da adição de farinha de mandioca de 1,06% no controlo para 1,80, 2,67, 3,54, 3,59 e 3,65% para açúcares redutores, de 17,88% no controlo para 17,38, 17,57, 17,76, 17,81 e 18,01% para açúcares não redutores e de 18,94% no controlo para 21,24, 21,30, 21,48 e 21,66% para os açúcares totais, quando A farinha de mandioca foi adicionada a 10, 20, 30, 40 e 50%, respetivamente. O conteúdo de lípidos mostrou um valor próximo de 17,60% no controlo, 16,24, 16,75, 17,33, 16,56 e 16,63% a 10, 20, 30, 40 e 50% adição de farinha de mandioca, respetivamente. Estes dados aproximam-se dos dados relativos aos lípidos devido à adição de uma fonte de lípidos (óleo de milho) na fórmula do bolo e ao pequeno teor de lípidos nas matérias-primas (farinha de trigo e de mandioca).

Foi possível observar que os açúcares não redutores apresentaram uma percentagem mais elevada em comparação com a percentagem de açúcares redutores, devido à adição de açúcar na fórmula de preparação dos cupcakes.

6.4. Efeito da adição de diferentes níveis de farinha de mandioca à farinha de trigo no endurecimento do bolo.

Foi estudado o efeito da adição de níveis de farinha de mandioca à farinha de trigo na capacidade de retenção de água alcalina (A.W.R.C) do cupcake produzido como indicação para o endurecimento dos bolos e os resultados obtidos são mostrados na Tabela (20) e na Fig (18). Pode notar-se que a capacidade de retenção de água alcalina para o controlo do queque e para todos os tratamentos diminuiu com o aumento dos períodos de armazenamento do bolo. Os resultados indicaram que a percentagem da capacidade de retenção de água alcalina aumentou com o aumento da adição de mandioca de 231,51, 204,66, 199,34, 197,35 e 182,34% no controlo para 245,78, 238,94, 227,99, 223,60 e 214,44% com 50% de adição de farinha de mandioca, após 0, 7, 14, 21 e 28 dias de armazenamento, respetivamente. Enquanto a taxa de decréscimo (R.D) diminuiu de 11.59, 13.89, 14.75 e 21.32% no controlo para 2.78, 7.28, 8.99 e 12.75% ao nível de 50% de adição de farinha de mandioca, após armazenamento durante 7, 14, 12 e 28 dias, respetivamente.

Tabela (20): Efeito da adição de farinha de mandioca à farinha de trigo na retenção de água alcalina do cupcake

Treatment	Fresh	After 7 days	R.D %	After 14 days	R.D%	After 21 days	R.D %	After 28 day	R.D %
1	231.51	204.6	11.59	199.34	13.89	197.35	14.75	182.34	21.23
2	236.91	207.1	8.36	203.42	14.136	202.44	14.54	185.67	22.13
3	237.14	210.8	11.09	206.53	12.907	204.9	13.59	201.87	14.87
4	238.53	221.6	7.089	218.56	8.370	210.87	11.59	203.35	14.74
5	239.93	221.8	7.55	219.48	8.520	214.01	10.76	205.61	14.3
6	245.78	238.9	2.78	227.99	7.230	223.6	8.99	214.44	12.75

Tratamento 1=controlo (100% farinha de trigo 72% extração)
Tratamento 2=10% mandioca +90% farinha de trigo 72% extração
Tratamento 3=20% mandioca+80% farinha de trigo 72% extração
Tratamento 4= 30% mandioca+70% farinha de trigo 72% extração
Tratamento 5=40% mandioca+60% farinha de trigo 72% extração

Tratamento 6=50% mandioca+50% farinha de trigo 72% extração
R.D. = Taxa de decréscimo

Fig. (18): Efeito da adição de farinha de mandioca à farinha de trigo na retenção de água alcalina do cupcake

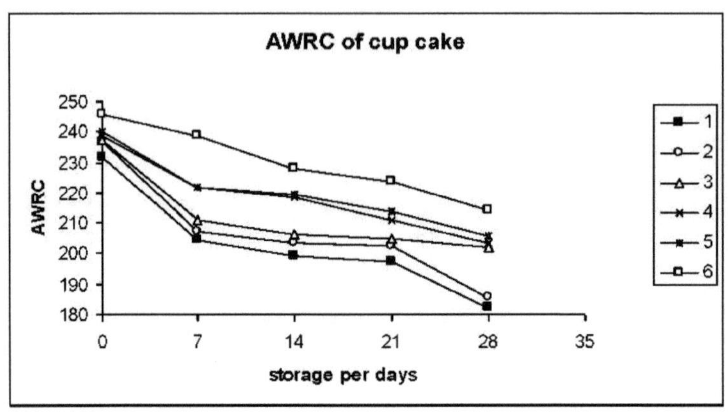

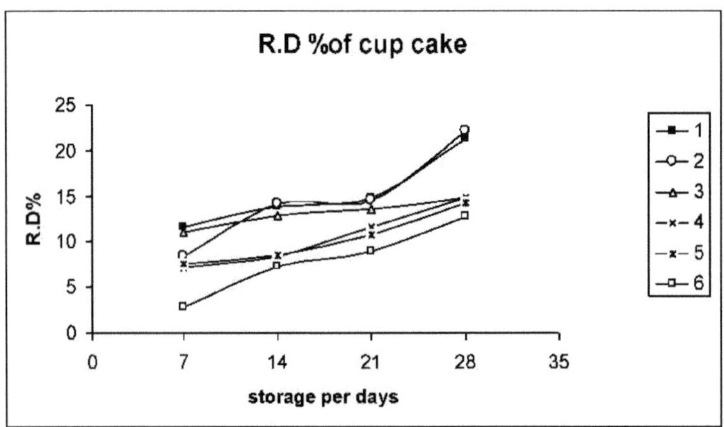

Este aumento de A.W.R.C e diminuição de R.D com o aumento da adição de farinha de mandioca à farinha de trigo no cupcake produzido pode dever-se à elevada percentagem de absorção de água da farinha de mandioca, que aumenta a retenção de água dos bolos preparados a partir de farinhas compostas de trigo e mandioca.

Finalmente, pode observar-se que a adição de farinha de mandioca à farinha de trigo aumentou a frescura do queque produzido em todos os níveis de adição.

7. Produto de biscoito doce semi-manipulado

7.1. Efeito da adição de farinha de mandioca à farinha de trigo nas propriedades físicas do biscoito

Foi estudado o efeito da substituição da farinha de trigo (72% de extração) por diferentes níveis de farinha de mandioca nas propriedades físicas do biscoito doce produzido. Os parâmetros físicos foram o diâmetro (mm), a espessura (mm), o fator de expansão, o volume (cm), o peso (g), a perda de peso e a densidade (g/cm), os resultados obtidos são apresentados na Tabela (21) e nas Figuras (19) e (20). A partir dos resultados apresentados na Tabela (21), pode-se notar que a substituição da farinha de trigo (72% de extração) por níveis de 10, 20, 30, 40 e 50% de farinha de mandioca levou a um aumento do diâmetro, peso e perda de peso no biscoito produzido. O diâmetro do biscoito aumentou de 46 (mm) no controlo para 51, 51, 53, 51 e 49 (mm) com 10, 20, 30, 40 e 50% de adição de farinha de mandioca, respetivamente. Enquanto o peso e a perda de peso do biscoito produzido aumentaram de 10,11 e 1,57 (g) no controlo para 10,52 e 1,77, 10,74 e 1,85, 10,14 e 2,18, 11,19 e 2,21 e 11,76 e 2,24 (g), quando a farinha de mandioca foi adicionada de 10 a 50%, respetivamente.

Tabela (21): Efeito da adição de farinha de mandioca à farinha de trigo nas propriedades físicas do biscoito

Treatment	Diameter (mm)	Thickness (mm)	expansion factor	Volume (cm^3)	Weight (g)	Loss of weight (g)	Density (g/cm^3)
1	46.0	10.0	4.65	20	10.11	1.579	0.5
2	51.0	9.0	5.66	19.5	10.52	1.771	0.53
3	51.0	9.0	5.66	19.5	10.74	1.854	0.55
4	53.0	8.5	6.23	20	10.14	2.184	0.5
5	51.0	9.5	5.36	19.5	11.19	2.218	0.57
6	49.0	11.0	4.45	20.5	11.76	2.245	0.56

Tratamento 1=controlo (100% farinha de trigo 72% extração)

Tratamento 2=10% mandioca +90% farinha de trigo 72% extração

Tratamento 3=20% mandioca+80% farinha de trigo 72% extração

Tratamento 4= 30% mandioca+70% farinha de trigo 72% extração

Tratamento 5=40% mandioca+60% farinha de trigo 72% extração

Tratamento 6=50% mandioca+50% farinha de trigo 72% extração

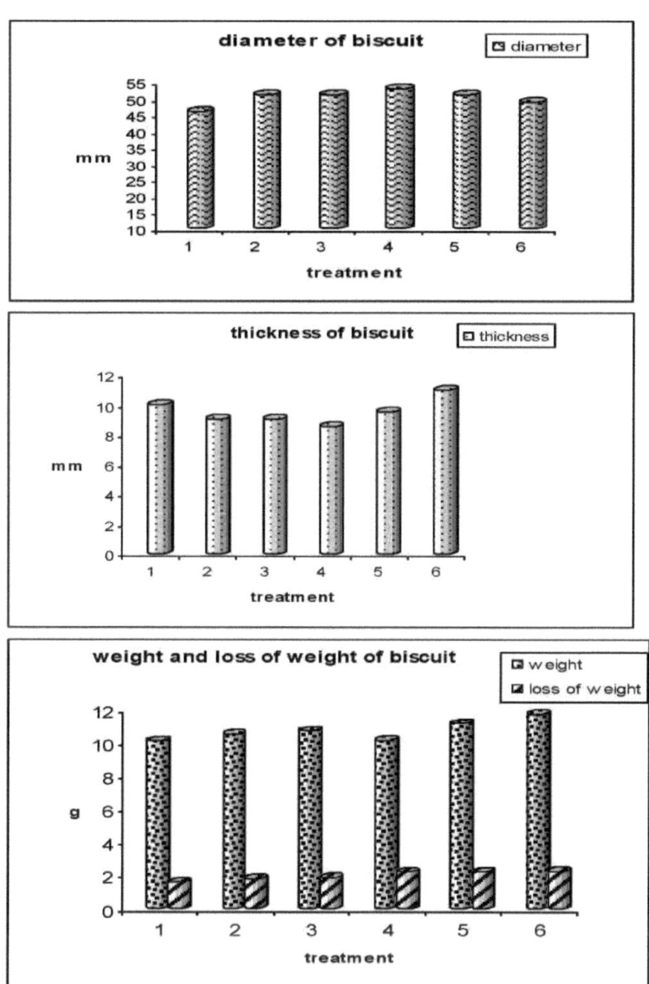

Fig. (19): Efeito da adição de farinha de mandioca à farinha de trigo nas propriedades físicas do biscoito

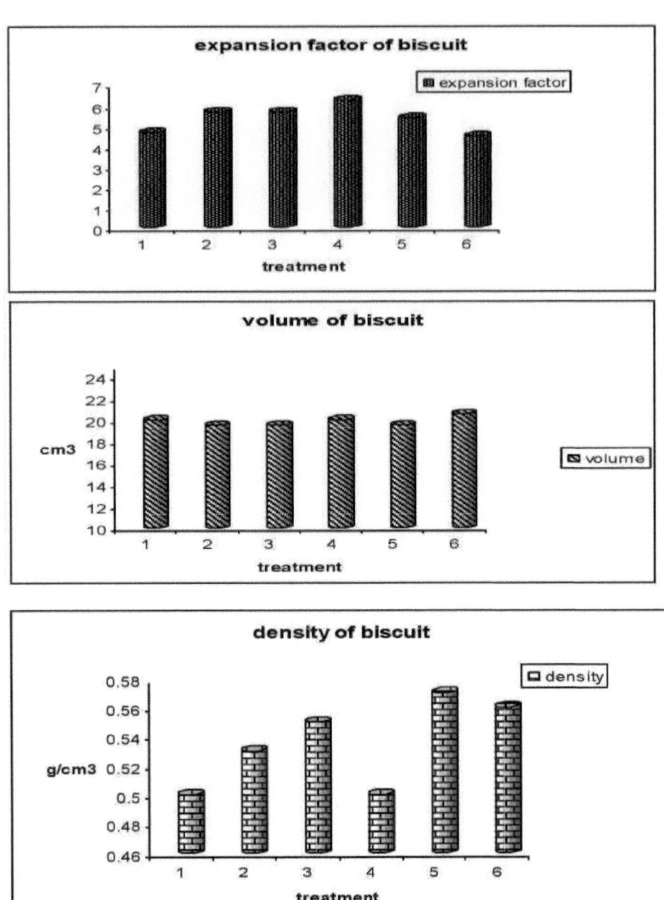

Fig. (20): Efeito da adição de farinha de mandioca à farinha de trigo nas propriedades físicas do biscoito

Além disso, o fator de expansão aumentou no biscoito produzido com a adição de farinha de mandioca a 10, 20, 30 e 40%, em comparação com a amostra de controlo (100% farinha de trigo) de 4,65 no controlo para 5,66, 5,66, 6,23 e 5,36, respetivamente. Enquanto o tratamento com 50% de adição de farinha de mandioca mostrou uma diminuição no fator de expansão de 4,45, em comparação com o controlo.

Por outro lado, a espessura do biscoito produzido diminuiu com o aumento do nível de adição de mandioca a 10, 20, 30 e 40% de 10 mm no controlo para 9, 8,5 e 9,5 (mm), respetivamente. Enquanto o tratamento com 50% de adição de farinha de mandioca mostrou um aumento na espessura de 11 (mm) em comparação com a amostra de controlo 10 (mm).

Os resultados na Tabela (21) indicaram também que o volume do biscoito produzido foi quase semelhante em todos os tratamentos com a amostra de controlo, enquanto a densidade do biscoito aumentou com o aumento da adição de farinha de mandioca de 0.50 (g/cm3) no controlo para 0.53, 0.55, 57 e 0.56 (g/cm3) a 10, 20, 40, e 50% de adição de farinha de mandioca à farinha de trigo (72% de extração) respetivamente. Enquanto o tratamento com 30% de adição de farinha de mandioca mostrou um resultado semelhante para a densidade (0,50g/cm3) com a amostra de controlo.

Em geral, os resultados das propriedades físicas do biscoito produzido indicaram que a farinha de mandioca pode ser usada para substituir até 30% da farinha de trigo sem diferença percetível nas propriedades do biscoito

7.2. Efeito da adição de farinha de mandioca à farinha de trigo na avaliação sensorial de biscoitos.

As médias da avaliação sensorial de bolachas preparadas a partir de farinha de trigo substituída por diferentes níveis de farinha de mandioca são apresentadas na Tabela (22) e na Fig. (21). Os resultados mostraram um decréscimo nas pontuações de cor do biscoito com o aumento dos níveis de adição de mandioca de 8,1 no controlo para (7,1,

7,6, 7, 0,0 e 5,6) a 10, 20, 30, 40 e 50% de adição de farinha de mandioca à farinha de trigo. Também a pontuação do sabor mostrou uma diminuição em comparação com a amostra de controlo de (7,4) no controlo para (7, 7,2 e 6,0) a 10, 40, e 50% de níveis de adição de farinha de mandioca, enquanto o tratamento com 20% de farinha de mandioca mostrou a mesma pontuação que a amostra de controlo e o tratamento com 30% de farinha de mandioca mostrou uma pontuação mais elevada do que a amostra de controlo (7,9). A textura dos biscoitos produzidos a partir de 20, 30, 40 e 50% de farinha de mandioca tem uma pontuação mais baixa (5,8, 6,2, 7,3 e 6,6), em comparação com a amostra de controlo (7,4), enquanto o tratamento com 10% de adição de farinha de mandioca aumentou a pontuação da textura (7,6) em comparação com a amostra de controlo. As pontuações de odor aumentaram com o aumento dos níveis de farinha de mandioca de 6,3 no controlo para 6,8, 7,0, 7,4 e 6,4 quando a farinha de mandioca foi adicionada à farinha de trigo a 20, 30, 40 e 50%.

Tabela (22): Efeito da adição de farinha de mandioca à farinha de trigo na avaliação sensorial do biscoito

Treatment	Color (10)	Taste (10)	Texture (10)	Odor (10)	Appearance (10)	Overall acceptability (50)
1	8.1	7.4	7.4	6.3	8.8	38.0
2	7.1	7.0	7.6	6.2	7.8	35.7
3	7.6	7.4	5.8	6.8	7.4	35.0
4	7.0	7.9	6.2	7.0	6.4*	34.5
5	6.6	7.2	7.3	7.4	6.5*	35.0
6	5.6*	6.0*	6.6	6.4	5.6*	30.2*
LSD	1.61	1.41	1.88	1.85	1.45	6.00

* A diferença média é significativa ao nível de 0,05.

Tratamento l=controlo (100% farinha de trigo 72% extração)
Tratamento 2= 10% mandioca +90% farinha de trigo 72% extração
Tratamento 3=20% mandioca+80% farinha de trigo 72% extração
Tratamento 4= 30% mandioca+70% farinha de trigo 72% extração
Tratamento 5=40% mandioca-60% farinha de trigo 72% extração
Tratamento 6=50% mandioca+50% farinha de trigo 72% extração

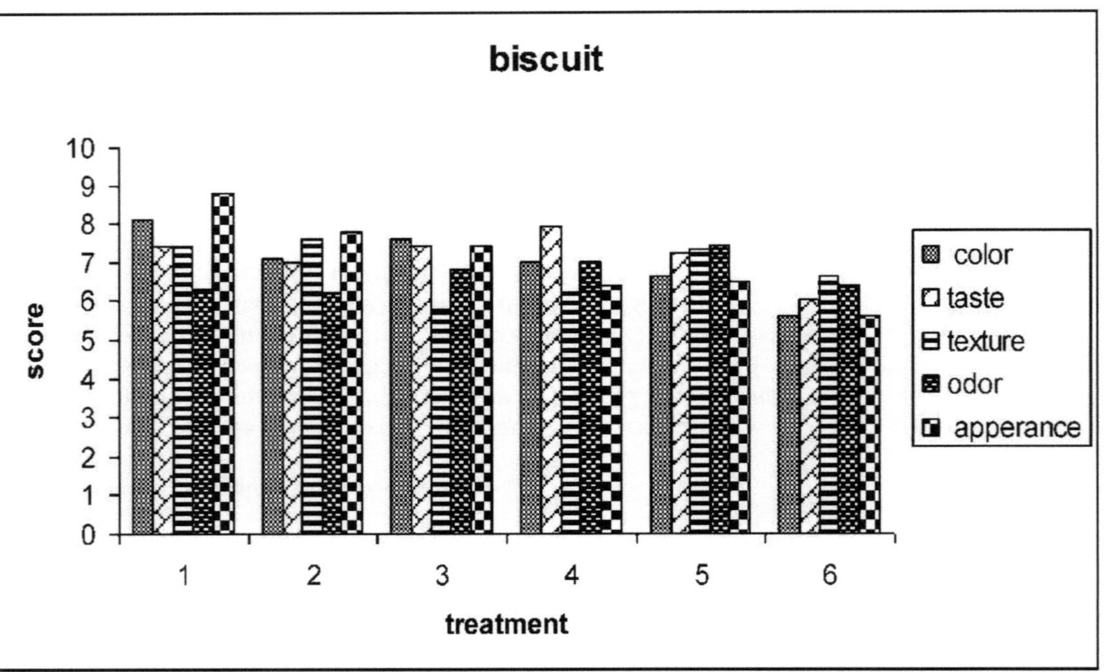

Fig.(21): Efeito da adição de farinha de mandioca à farinha de trigo na avaliação sensorial do biscoito

Enquanto o tratamento com 10% de adição de farinha de mandioca apresentou uma pontuação mais baixa (6,2) em comparação com a amostra de controlo.

A aparência dos biscoitos produzidos mostrou pontuações mais baixas em todos os tratamentos (7.8, 7.4, 6.4, 6.5 e 5.6) comparados com o controlo (8.8) respetivamente. A pontuação total mais alta (aceitabilidade geral) foi observada no controlo (38), enquanto a mais baixa foi obtida com 50% de adição de farinha de mandioca (30,2).

A análise estatística indicou que não há diferenças significativas (ao nível de 0.05) em todas as caraterísticas entre a amostra de controlo e o outro tratamento com adição de farinha de mandioca) a 10 e 20% enquanto que a 30 e 40% de farinha de mandioca mostrou uma diferença significativa (ao nível de 0.05) apenas na aparência dos biscoitos. Com o aumento da adição de farinha de mandioca à farinha de trigo ao nível de substituição de 50% mostrou uma diferença significativa (ao nível de 0.05) na cor, sabor, aparência e aceitabilidade geral. A partir dos resultados apresentados na Tabela (22), pode-se notar que a adição de farinha de mandioca à farinha de trigo (72% de extração) a 10, 20, 30 e 40% produziu biscoitos doces semi-duros bons para todas as caraterísticas avaliadas.

7.3. Efeito da adição de farinha de mandioca à farinha de trigo na composição química do biscoito.

Os resultados na Tabela (23) e na Fig (22) mostraram o efeito da adição de farinha de mandioca à farinha de trigo na composição química dos biscoitos produzidos. Dos dados apresentados na Tabela (23) é claro que os hidratos de carbono, fibra, cinzas, açúcares redutores, não redutores e totais aumentaram com o aumento dos níveis de adição de farinha de mandioca de 63,51% no controlo para 66,62, 67,77, 68,53, 69,78 e 70,67% para hidratos de carbono, de 0,31% no controlo para 0,40, 0,60, 0,74, 0,82 e 0,89% para fibra, de 0.58% no controlo para 0,67, 0,69, 0,76, 0,78 e 0,82 para cinzas e de 0,45, 14,72 e 15,17% no controlo para 0,69, 15,72 e 16,41, 0,73, 16,86 e 17,59, 0,77, 18,00 e 18.77, 0,81, 18,31 e 19,12 e 0,85%, 18,6% e 19,48% para açúcares redutores, não redutores e totais, quando a farinha de mandioca foi adicionada a 10, 20, 30, 40 e

50%, respetivamente. Enquanto o teor de proteínas diminuiu com o aumento da adição de farinha de mandioca de 18,17% no controlo para 16,94, 14,95, 12,94, 12,04 e 10,82% com 10, 20, 30, 40 e 50% de adição de farinha de mandioca, respetivamente.

Os conteúdos lipídicos do controlo da bolacha (100% farinha de trigo) e outros tratamentos (10, 20, 30, 40, e 50% de nível de adição de farinha de mandioca à farinha de trigo) mostraram resultados quase semelhantes.

Tabela (23): Efeito da adição de farinha de mandioca à farinha de trigo na composição química da bolacha (ou base de peso seco)

Sample	Protein %	Ash %	Lipid %	Crude fiber %	Total carbohydrate %	Reducing Sugar %	Non reducing sugars %	Total sugars %
1	18.17	0.58	17.73	0.31	63.51	0.45	14.72	15.17
2	15.50	0.67	17.01	0.4	66.62	0.69	15.72	16.41
3	13.57	0.69	17.57	0.72	67.77	0.73	16.86	17.59
4	12.88	0.76	17.19	0.74	68.53	0.77	18.00	18.77
5	11.42	0.78	17.4	0.82	69.78	0.81	18.31	19.12
6	10.90	0.82	16.72	0.89	70.67	0.85	18.63	19.48

Tratamento l=controlo (100% farinha de trigo 72% extração)
Tratamento 2=10%cassava +90% farinha de trigo 72% extração
Tratamento 3=20% cassa va+80% farinha de trigo 72% extração
Tratamento 4= 30% mandioca+70% farinha de trigo 72% extração
Tratamento 5=40% cassa va+60% farinha de trigo 72% extração
Tratamento 6=50% mandioca+50% farinha de trigo 72% extração

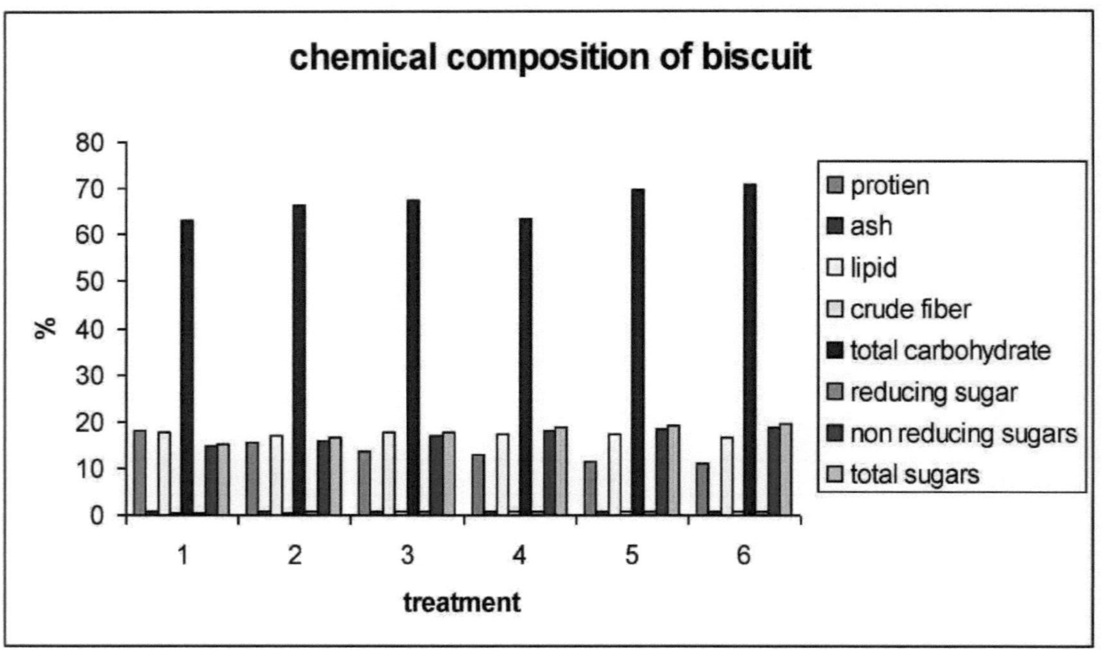

Fig.(22): Efeito da adição de farinha de mandioca à farinha de trigo na composição química das bolachas, em toneladas de peso vivo)

17,73% no controlo 17,01, 17,57, 17,19, 17,40 e 16,72% respetivamente. Este aumento em alguns ingredientes e diminuição nos outros dos biscoitos produzidos deve-se à diferença da composição química das farinhas de trigo e de mandioca que afectou as misturas produzidas.

5. RESUMO E CONCLUSÃO

Esta investigação foi realizada com o objetivo de produzir farinha de mandioca contendo ácido cianídrico abaixo do nível de segurança (10 ppm), que foi substituída por farinha de trigo (72% de extração) para produzir alguns produtos de panificação (pão de forma, cupcake e biscoito) e estudar o efeito dos níveis de substituição nas propriedades físicas, químicas, reológicas; taxa de endurecimento da farinha misturada, massa misturada e os produtos processados a partir das misturas que foram avaliados sensorialmente. Inicialmente, os tubérculos de mandioca foram demolhados e depois secos no forno para remover o composto cianogénico e, finalmente, misturados com farinha de trigo a 10, 20, 30, 40 e 50%.

Os resultados obtidos podem ser resumidos da seguinte forma.

1. Efeito do processo de imersão.

1.1 Efeito da demolha e do método de cozedura em forno no teor de cianeto dos tubérculos de mandioca.

A imersão de fatias de tubérculos de mandioca em água na proporção (1:25 mandioca: água) durante 24 horas diminuiu o teor de cianeto de 259,36 ppm de tubérculos frescos para 132,54 ppm de tubérculos embebidos, enquanto a secagem em forno de fatias de mandioca embebidas a 60 °C durante 12 horas reduziu o teor de cianeto para 8.07 ppm de farinha de mandioca e os produtos de panificação que contêm farinha de mandioca estavam isentos de teor de cianeto em comparação com o nível seguro (10 ppm) indicado pela **FAO/OMS, (1991).**

1.2. Efeito do processo de demolha na composição química e no teor de minerais dos tubérculos de mandioca.

O processo de demolha dos tubérculos de mandioca diminuiu os hidratos de carbono totais, as cinzas, os açúcares totais e alguns minerais (Na, Zn, K, Mn e Fe) da farinha de mandioca demolhada em comparação com os tubérculos de mandioca frescos, como se segue:

A mandioca fresca e a farinha de mandioca demolhada continham, respetivamente, 57,86 e 9,16 % de humidade, 3, 39 e 3,92 % de proteínas, 3,68 e 3,55 % de cinzas, 0,40 e 0,48 % de lípidos, 3,75 e 4,78 % de fibra bruta, 88,76 e 87,6 % de hidratos de carbono totais, 2,31 e 0,12 % de açúcares redutores, 2,59 e 2,48 % de açúcares não redutores, 5,00 e 2,5 % de açúcares totais. Enquanto os conteúdos minerais (Na, Zn, Ca, K, Mn, Mg e Fe) dos tubérculos de mandioca frescos e da farinha de mandioca demolhada foram 253,81 e 124,92, 2,05 e 0,73, 50,12 e 52,29, 734,76 e 520,56, 0,19 e 0,13, 133,74 e 145,29, 2,86 e 1,46 mg/100g; respetivamente.

2. Comparação da composição química e do teor de minerais entre as farinhas de mandioca e de trigo (extração a 72 %).

A análise química das farinhas de mandioca e de trigo demolhadas apresentou os seguintes valores: 9,16 e 12,62% de humidade, 3,92 e 12,18 de proteínas, 3,55 e 0,59% de cinzas, 0,48 e 0,72% de lípidos, 4,78 e 0,63% de fibra bruta, 87,67 e 85,93% de hidratos de carbono totais, 0,12 e 0,11% de açúcares redutores, 2,48 e 1,19% de açúcares totais.19 % de açúcares não redutores, 2,5 e 1,30 % de açúcares totais. Enquanto os conteúdos minerais (Na, Zn, Ca, K, Mn, Mg e Fe) das farinhas de mandioca e de trigo demolhadas eram 124,92 e 51,27, 0,73 e 0,81, 52,29 e 19,63, 520,56 e 214,83, 0,13 e 0,77, 145,29 e 48,41, 1,46 e 1,63 mg/100g; respetivamente.

3. Efeito da adição de farinha de mandioca à farinha de trigo nas propriedades reológicas da massa.

3.1. Farinógrafo dtaa

3.1.1. Absorção de água. A adição de farinha de mandioca a 10, 20, 30, 40 e 50% aumentou a absorção de água em relação ao controlo (58,5, 58,0, 59,4, 61,8 e 61,9 %), mas foi de 56,7% no controlo.

3.1.2. Tempo de mistura. O tempo de mistura da adição de 40 e 50% de farinha de mandioca foi mais longo do que o controlo, enquanto os níveis de 10, 20 e 30% de farinha de mandioca foram quase semelhantes à amostra de controlo.

3.1.3 Estabilidade da massa. A adição de farinha de mandioca a 10, 20 e 50% mostrou uma estabilidade mais baixa do que o controlo (7.0, 7.5 e 4.0 min) e (8.0min para o controlo); respetivamente. Enquanto a adição de farinha de mandioca a 30 e 40% mostrou um aumento na estabilidade (9,5 e 11,0min) em comparação com a amostra de controlo.

3.1.4. Enfraquecimento da massa.

O enfraquecimento da massa foi aumentado pela adição de farinha de mandioca de 60 U.B. no controlo para 70, 70 e 80 U.B. a 10, 20 e 50% de adição de farinha de mandioca. Enquanto a adição de farinha de mandioca a 30 e 40% mostrou uma diminuição do enfraquecimento da massa (45 e 50 U.B.) em comparação com a amostra de controlo.

3.2. Dados do Extensógrafo

3.2.1. Resistência à extensão. A resistência à extensão foi aumentada pela adição de 30 e 40% de farinha de mandioca de 230 U.B. no controlo para 400 e 430 U.B.; respetivamente. Enquanto que os dados mostraram uma diminuição semelhante para (200, 220 e 220 U.B.) com 10, 20 e 50% de adição de farinha de mandioca.

3.2.2. Extensibilidade. A adição de farinha de mandioca ao nível de 10, 20, 30, 40 e 50% diminuiu a extensibilidade de 130 mm no controlo para 115, 100, 70, 75 e 75 mm; respetivamente.

3.2.3. número proporcional. A adição de farinha de mandioca à farinha de trigo aumentou o número proporcional de 1,8 no controlo para 2,2, 5,7, 5,7 e 2,9 a 20, 30, 40 e 50 % de níveis de farinha de mandioca, enquanto que a 10 % diminuiu o número proporcional para 1,7.

3.2.4. Energia. A área sob o extensograma diminuiu à medida que o nível de mistura aumentou (45, 45, 52 e 35) para os níveis de 10, 2030 e 50 % de misturas de farinha de mandioca, enquanto que a 40% a adição de farinha de mandioca aumentou a energia para 57cm .[2]

4. Efeito da adição de farinha de mandioca à farinha de trigo nas propriedades físicas de pão de forma, cupcake e biscoito.

4.1. Pão de forma

A adição de farinha de mandioca à farinha de trigo resultou num aumento de todas as amostras de peso que atingiram 88,47, 94,21, 98,14, 102. 39 e 107,96 g; respetivamente de pão de forma feito com 10, 20, 30, 40 e 50 % de farinha de mandioca. Enquanto o peso da amostra de controlo foi de 82,87 g. O volume e o volume específico dão 190 cm3 e 2,29 cm^3 no controlo, 188 e 2,12, 18o e 1,91, 178 e 1,81, 150 e 1,46, 120 cm^3 e 1,1 cm^3 / g em níveis de 10, 20, 30, 40 e 50 % de farinha de mandioca; respetivamente. A altura dos pães diminuiu com o aumento da adição de farinha de mandioca de 4,5 cm no controlo para 4,32, 3,96, 4,15, 3,54 e 3,2 cm nos níveis de 10, 20, 30, 40 e 50 de farinha de mandioca, respetivamente.

4.2. Um bolinho.

O efeito da adição de farinha de mandioca à farinha de trigo nas propriedades físicas do cupcake (altura, peso, volume e volume específico) comportou-se quase na mesma tendência do pão de forma, com alguma variação.

4.3. Biscoito.

As propriedades físicas das bolachas foram afectadas pela adição de farinha de mandioca da seguinte forma:

-O diâmetro dos biscoitos foi aumentado com o aumento da adição de farinha de mandioca a 10, 20, 30, 40 e 50 % de 46 mm no controlo para 51, 51, 53, 51 e 49 mm; respetivamente.

-O peso e a perda de peso foram aumentados de 10,11 e 1,57 (g) no controlo para 10,52 e 1,77, 10,74 e 1,85, 10,14 e 2,18, 11,19 e 2,21, 11, 76 e 2,24 (g) pela adição de farinha de mandioca de 10 a 50 %; respetivamente.

-A espessura dos biscoitos diminuiu de 10 cm no controlo para 9,0, 9,0, 8,5 e 9,5 cm quando a farinha de mandioca foi adicionada de 10 a 40 %, respetivamente. Enquanto a espessura do tratamento com 50 % de farinha de mandioca aumentou para 11,0 em comparação com a amostra de controlo.

-O fator de expansão foi aumentado com o aumento dos níveis de farinha de mandioca de 4,65 no controlo para. 5,66, 5,66, 6,23 e 5,36 a 10, 20, 30 e 40 % de farinha de mandioca, enquanto no tratamento com 50 % de adição de farinha de mandioca o fator de expansão diminuiu (4,45) em comparação com a amostra de controlo.

-O volume dos biscoitos apresentou resultados quase semelhantes em todos os tratamentos.

-A densidade foi aumentada pela adição de farinha de mandioca de 0,50 g / cm^3 no controlo para 0,53, 0,55, 0,57 e 0,56 g / cm^3 a 10, 20, 40 e 50 % de níveis de farinha de mandioca, enquanto o tratamento com 30 % de farinha de mandioca mostrou a mesma densidade que o controlo.

5. Efeito da adição de farinha de mandioca à farinha de trigo na avaliação sensorial de pão de forma, cupcake e biscoito.

5.1. pão de forma.

A avaliação sensorial do pão de forma produzido com farinha de trigo substituída por farinha de mandioca nos níveis 10, 20, 30, 40 e 50 %, mostrou que o tratamento com 10 % de farinha de mandioca produziu um bom produto em todas as caraterísticas, enquanto o aumento do nível de adição de farinha de mandioca diminuiu as pontuações de todas as caraterísticas.

5.2. Um bolinho.

A avaliação sensorial do queque produzido a partir de farinha composta de trigo e mandioca em níveis de 10, 20, 30, 40 e 50 %, indicou que um bom bolo pode ser produzido ao nível de 10, 20 e 40 % de farinha de mandioca para farinha de trigo.

5.3. Biscoito.

A avaliação sensorial indicou que os biscoitos podem ser produzidos com boas caraterísticas com 10, 20, 30 e 40 % de adição de farinha de mandioca.

6. Efeito da adição de farinha de mandioca à farinha de trigo na composição química de produtos de pão de forma, cupcake e biscoito.

6.1. pão de forma.

A adição de farinha de mandioca à farinha de trigo ao nível de 10, 20, 30, 40 e 50%, aumentou as cinzas, a fibra bruta, os hidratos de carbono totais, os açúcares redutores, não redutores e totais, enquanto os teores de proteínas e lípidos diminuíram com o aumento da adição de farinha de mandioca.

6.2. Um bolinho.

A composição química do cupcake produzido a partir de farinhas compostas de trigo e mandioca mostrou um aumento nos teores de cinzas, fibra bruta, hidratos de carbono totais, açúcares redutores, não redutores e totais e uma diminuição no teor de proteínas com a adição de níveis de farinha de mandioca de 10 a 50 %, enquanto o teor de lípidos de todos os tratamentos apresentou resultados semelhantes.

6.3. Biscoitos.

A composição química dos biscoitos produzidos com a adição de diferentes níveis de adição de farinha de mandioca de 10 a 50 %, mostrou o mesmo aumento e diminuição dos ingredientes químicos, como o produto cupcake.

7. Efeito da adição de farinha de mandioca à farinha de trigo na (A.W.R.C) de pão de forma e cupcake .

7.1. Pão de forma.

Os resultados mostraram que a adição de farinha de mandioca à farinha de trigo ao nível de 10, 40 e 50 %, deu o maior efeito de melhoria na frescura do pão, quando as amostras foram armazenadas durante 0, 24, 48 e 72 horas.

7.2. Bolo de chávena.

Os resultados de (A.W.R.C) indicaram que a adição de farinha de mandioca à farinha de trigo nos níveis de 10, 20, 30, 40 e 50 %, melhorando a frescura do bolo produzido com o aumento da adição de farinha de mandioca quando o bolo foi armazenado durante 0, 7, 14, 21 e 28 dias.

REFERÊNCIA

A. C. C. (1984). Approved Methods of American Association of Cereal Chemists publicado pela American Association of Cereal Chemists, ins. St. Poul. Minnesota, EUA.

A. A. C. C. (1994). Approved Methods of American Association of Cereal Chemists publicado por American Association of Cereal Chemists, ins. St. Poul. Minnesota, EUA.

Abd El Azim, A.S. (2007). Estudos técnico-químicos e biológicos sobre algumas especiarias e os seus óleos voláteis utilizados em produtos de panificação. Tese de Mestrado, Departamento de Ciência e Tecnologia Alimentar, Fac. de Agricultura, Universidade do Cairo, Egito.

Abd El-Hamid, S.S. (2002). Estudos e produção de alguns tipos de pastelaria. Tese de Doutoramento, Ciência e Tecnologia Alimentar, Departamento, Fac. Dept. de Ciência Alimentar, Fac. de Agricultura, Moshtohor, Uni. de Zagazig, Egito.

Abd el Kader, M.H. (1995). Efeito de diferentes fontes de farinha em alguns produtos de panificação. TESE DE MESTRADO EM CIÊNCIAS DA ALIMENTAÇÃO. Tese, Ciência e Tecnologia Alimentar, Departamento, Fac. Dept. de Ciência Alimentar, Fac. de Agricultura, Univ. do Cairo, Egito.

Abo Zeid, F.K. (1998). Estudos físico-químicos e bioquímicos em muffins fortificados com proteínas e alguns minerais. Tese de Doutoramento em Ciência e Tecnologia Alimentar, Departamento, Faculdade de Agricultura, Universidade do Cairo, Egito.

Almazan, A. M. (1990). Efeito da variedade e concentração da farinha de mandioca na qualidade do pão. Cereal Chem., 67 (1): 97- 99.

An, L; Thuhong, T. e Linfberg, J. E. (2004). Digestibilidade total e da Ilíada em suínos em crescimento alimentados com dietas à base de farinha de raiz de mandioca com inclusão de folhas de batata-doce frescas, secas e ensiladas. Animal Feed Science and Technology, 114: 127-139.

A. O. A. C. (2000). Official Methods of Analysis of the Association of Official Analytical chemists, fifteenth ed., publicado Official Analytical Chemists, Arligton, virginas USA.

Arnoczky, N.E; Czuchajowska, Z. e pomeranz, Y. (1996).

Funcionalidade do soro de leite e da caseína na fermentação e no fabrico de pão por procedimentos fixos e optimizados. Cereal Chem, (73) : 309 - 316 .

Aryee, F.N; Oduro, I; fllis, W.O. e Afua, J. J. (2006). As propriedades físico-químicas de amostras de farinha das raízes de 31 variedades de mandioca. Controlo Alimentar, (17): 916-922.

Asad, E.A.M. (2001). Estudos comparativos de diferentes tipos de pão de padaria com suplementos químicos, tecnológicos e de aminas. Qualidade dos alimentos alimentos saudáveis farinyson.

Asal, M. A (2004). Estudos sobre a farinha de milho amarelo suplementada com alguns produtos lácteos e sua utilização em alguns produtos de cereais. Tese de Mestrado, Ciência e Tecnologia Alimentar, Departamento, Fac. of. Agric., Moshtohor, Universidade de Zagazig, Egito.

Assem, N.H. e Abd El Motaleb, N.M. (2004) . Preparação e avaliação de diferentes biscoitos contendo farinha de cevada, xarope de malte e farinha de malte. Egito. J. Agric. Res., 82 (3): 303-309.

Attia, A.A. (1986). Estudos físico-químicos sobre o envelhecimento de algum pão egípcio. Tese de doutoramento, Departamento de Ciência e Tecnologia Alimentar, Fac. de Agricultura, Universidade do Cairo, Egito.

Axford, O.W.E; Colwell, K.H e Cornford, S.J. e Flton, G.A.H. (1968). Effect of loaf specific volume on the rate and extent of staling in bread. J. Sci., Food Agric. (19): 95-101

Babajide, J.M; Babajide, S.O. e Uzochukwu, S.V.A .(2001). Alimento de desmame à base de mandioca: avaliação biológica e efeitos em órgãos de ratos. Alimentos vegetais para a nutrição humana, 56(2):167-173

Barakat, A.S. (2003). Estudos nutricionais sobre alguns produtos de cereais. Tese de Doutoramento em Ciência e Tecnologia Alimentar, Departamento, Faculdade de Agricultura, Universidade de Zagazig, Egito.

Bedeir, S.A. (2004) . Adição de glúten, pentosanos, ácido ascórbico e caseína do leite à farinha de trigo para produzir produtos de panificação de alta qualidade. Tese de Doutoramento em Ciência e Tecnologia Alimentar, Departamento, Faculdade de Agricultura, Moshtohor, Universidade de Zagazig, Egito.

Betty, A; Bugliseu, U; Campanella, O e Hamaker, B. (2000). Melhoria das propriedades reológicas da massa composta de sorgo - trigo e da qualidade do fabrico de pão através da adição de zeína. Cereal Chem., 78 (1): 31 - 35

Bob, W. (1996). "Enzimas benefícios e oportunidades" 41 st., Autum Con. 7-8th Oct. 1996 Biblioteca BSB - conf No. 401.

Borneo, R. e khan, K. (1999). Alterações proteicas durante várias fases de fabrico de pão de quatro trigos de primavera, quantificação por exclusão de tamanho H PLC. Cereal Chem., 76 (5) : 711-717

Charles, A.L; Sriroth, K. e Hung, T. (2005, a). Composição aproximada, conteúdo mineral, cianeto de hidrogénio e ácido fítico de 5 genótipos de mandioca. Food Chemistry (92): 615-620.

Charles, A.L; Huang, H.C; Lai, P.Y; Chen, C.C; Lee, P.P. e Chang, Y.H. (2007). Estudo da mistura de farinha de trigo - amido de mandioca e da função da mucilagem de mandioca em noodles chineses. Food Hydrocolloids, (21): 368 - 378.

Charles, A.L; Chang, Y.H; Ko, W.C; seiroth, K e Huang, T.C. (2005, b). Influência da estrutura da amilopectina e do teor de amailose nas propriedades gelificantes de 5 cultivares de amidos de mandioca. Journal of Food Agriculture and Chemistry, (53): 2717 - 2725.

Chavez, A.L; Bedoya, J. A; sanchez, T; Iglesias, C; ceballos, H. e Roca, W. (2000). Ferro, caroteno e ácido ascórbico em raízes e folhas de mandioca. Alimentação e Nutrição, Boletim , (21) : 410-413

Cheftel, J. C; Cuquee, J. L. e lovient, D. (1985) . Aminoácidos, péptidos e proteínas: In proteins in food chemistry. 2nd ed (Fennema, E.R), Marcel Dekkerinc, New York and Basel, PP. 264 - 369.

Chen, H; Rubenthaler, G. L. e Schanus, E. G. (1988). Efeito da fibra de maçã e da celulose nas propriedades físicas da farinha de trigo. J. of Food Sci., 53 (1): 304-306.

Ciacco, C. F. e D' Appolonia, B.L. (1978). Estudos de panificação com mandioca e inhame. I.I. Estudos reológicos e de panificação de misturas de farinha de trigo com tubérculos. Cereal Chem. 55 (4): 423-435.

Compos, D.T; Steffe, J. F. e Perry, K. W. (1997). Comportamento reológico da massa de trigo não desenvolvida e desenvolvida. Cereal Chem., 74 (4): 489-494.

Cumbana, A; Mirione, E; Cliff, J. e Bradbusy, J.H. (2007). Redução do teor de cianeto da farinha de mandioca em Moçambique pelo método de molhagem. Food Chemistry, (101): 894 - 897.

Czuchajowska, Z. e pomeranz, Y. (1989). Calorimetria diferencial de varrimento, atividade da água e teor de humidade no centro do miolo e nas zonas da crosta do pão durante o armazenamento.
Cereal Chem., (66): 305 - 309.

Daftary, R. D; Pomeranze, Y. e Saver, D.B. (1970). Alterações na farinha de trigo danificada por bolores durante o armazenamento. Efeito de lípidos, lipoproteínas e proteínas. J. Agr. Fd. Chem., (18): 613.

D' Appolonia, B. L. e Morad, M.M. (1981). Estufamento do pão
Cereal Chem., (58): 186 -190

Defloor, I; Nys, M. e Dlcour, J.A. (1993) . O trigo, o amido, o amido de mandioca e a farinha de mandioca prejudicam o potencial de fabrico de pão da farinha de trigo. Cereal Chem., 70 (5): 526 - 530.

Doweidar, M.M. (2001). Estudos químicos e físicos de alguns recursos naturais utilizados no melhoramento de produtos de panificação. Tese de Doutoramento em Bioquímica, Departamento, Fac. de Agricultura, Universidade do Cairo, Egito.

Dreese, P.C; Faibion, J. M e Hoseney, R.C. (1988). Dynamic rheological properties of flour, gluten and gluten starch dough's 1 - Temperature dependent changes during heating. Cereal Chem, (65) : 348 .

Dubois, M; Gilles, K.A; Hamilton, J.K; Rebers, P. A. e smith, F. (1956). Método colorimétrico para a determinação de açúcares e substâncias afins. Anl. Chem., (28): 350 - 356.

Eggleston, G; Omoaka, P.E. e Arowsh egbe, A. U. (1993).
Qualidade da farinha, do amido e do pão composto de vários clones de mandioca. J. Sci. Food Agric., (62): 49 - 59.

El Badrawy, A. K. (1994). Utilização de pão recusado no fabrico de pão egípcio. Tese de Mestrado em Ciência e Tecnologia Alimentar, Departamento, Faculdade de Agricultura, Universidade do Cairo, Egito.

El- Gebaly A. Y. (1988). Estudos bioquímicos do bagaço de cana-de-açúcar para a produção de pão incomum. Tese de Mestrado. Ciência Alimentar, Departamento Técnico, Fac. de Agricultura, Universidade Al Azhar, Egito.

El Sokary, H.H. (2000). Estudos sobre a utilização da planta stevia em alguns produtos de panificação. Tese de Mestrado em Ciência e Tecnologia Alimentar, Departamento, Faculdade de Agricultura, Moshtohor, Universidade de Zagazig, Egito.

Enciclopédia (1993). Enciclopédia de Ciência Alimentar, Tecnologia Alimentar e Nutrição. Volume um, mandioca. Harcoust Brace. Jovanovich, Publishers, New Yourk, Editado por Macrae. R;Robinson. R. K e Sadler, M. J.

Enciclopédia (2006). Enciclopédia de Ciência Alimentar, Tecnologia Alimentar e Nutrição. Página, 1 de 5 Mandioca. Harcoust Brace. Jovanovich, Publishers, New Yourk, Editado por Macrae. R; Robinson. R. K e Sadler, M. J.

Ewart, J. A.D. (1980). Loaf volume and the interisie viscosity of glutenin. J. Sci. Food Agric., (31): 1323 - 1336.

FAO/OMS, (1991), Programa Conjunto FAO/OMS de Normas Alimentares. Comissão XII do Codex Alimentarius, suplemento 4, FAO, Roma, Itália.

Fazivr, M. A. e Ali, A. (1991). Ácidos gordos, minerais. Composição e propriedades funcionais (pão e chapatti) de linhas de cevada com elevado teor de proteínas e lisina. J. Sci. Food Agric., (55): 511-519.

Farg, M.M.O. (1997). Utilização do girassol no fabrico de pão e de alguns produtos de pastelaria. Tese de Mestrado em Ciência e Tecnologia Alimentar, Departamento, Faculdade de Agricultura, Universidade de Zagazig, Egito.

Gan, H. E; Karim, R; Muhammad, S.K; Bakar, J. A; Hashim, O.M. e Abd El Rahman, R. (2007). Otimização da formulação básica de um bolo de mandioca cozido tradicional utilizando a metodologia de superfície de resposta. WT, (40): 611- 618.

Gaouar, O., zakhia, N., aymard, C. e Rios, G.M. (1998).
Produção de xarope de maltose por bioconversão de amido de mandioca num reator de ultrafiltração. Culturas e Produtos Industriais, (7):159 - 167.

Ghofar, A. S. e kokugan, T. (2005). Produção de ácido L-lático a partir de raízes frescas de mandioca misturadas com resíduos líquidos de tofu por *Streptococcus bovis*. Journal of Bioscience and Bioengineering, 100 (2): 606 - 612.

Giovanelli, G; peri, G e Borri, V. (1997). Temperature on crumb staling kinetics. Cereal Chem, (74): 710-714.

Guy, R. (1983). Factores que afectam o endurecimento do bolo de medeira. J. Sci. Food Agric., (34): 377.

Harland, G. A. e puhr, O.P. (1998) . Desempenho de cozedura das farinhas de trigo duro e de trigo mole num processo de fabrico de pão de massa esponjosa. Cereal Chem, 75 (6) : 830 - 538.

Hillocks, R.J; Thmesh, J. M. e Bellotti, A.C. (2002). Cassava biology, production and utilization CABI publishing, P.P. 290 - 291.

Hodge, D. G. (1977) . Sobre a glutationa Areinvestigation J. Bial. Chem., (84): 269 - 320

Hung Iten, S; Hasdscin, S; cond-petit, B. e Escher, F. (1999). Alterações na microestrutura do amido durante a cozedura e o endurecimento do pão de trigo. Leben smittel wissens chaft and technology 32: 255, {C. F. FSTA 31: 200 (1999)}.

Hussein, A.S. (1998) Fortificação de alguns produtos de panificação com concentrados proteicos. Tese de Doutoramento em Ciência e Tecnologia Alimentar, Departamento, Faculdade de Agricultura, Moshtohor, Universidade de Zagazig, Egito.

Ibrahim, M.A; Fahmy, A. H. e Afaf, A. A. (1990). Produção de um novo pão de calorias reduzidas. 1- Efeito da alfacelulose na reologia da massa e nas propriedades do pão. Conferência internacional sobre alimentos para usos dietéticos e medicinais especiais. março (19-22) Cairo.

Ibrahim, S.S; Elias, A. N. e El Farra, A. A. (1983). Granalidade da farinha e o seu efeito na qualidade do fabrico de pão balady egípcio. Egyptian Journal of Food Science, 11 (1/2): 81-87.

Ismail, T.M. (2002) . Avaliação e utilização de fontes de fibra elevada em produtos de panificação. Tese de Doutoramento em Ciência e Tecnologia Alimentar, Departamento, Faculdade de Agricultura, Universidade de Minufiy, Egito.

Kassim, S.A. (2002). Estudos sobre a produção de alguns tipos de pastelaria. Tese de Doutoramento em Ciência e Tecnologia Alimentar, Departamento, Fac. de Agricultura, Universidade Moshtohor Zagazig, Egito.

Kent-Jons, D. W. e Amos, A. J. (1967). Modern Cereal Chemistry, 282.6th ed. Food Trade press Ltd., Londres, Inglaterra.

Khalil, A. H; Mansour, E. H. e Dowoud, F.M. (2000) . Influência do malte nas propriedades teológicas e de cozedura da farinha composta de trigo e mandioca. Lebensin Wissu. Techonl., (33): 159164.

Khan, M. N., Lawhon, J. T., Rooney, L. W. e Cater, C. M. (1976). Propriedades de cozedura de pão de concentrados proteicos de sementes de algodão preparados a partir de farinha de sementes de algodão sem glândula extraída com solvente. Cereal Chem. (53) : 388.

Khatkar, B. S; Fidot, R. J; Tatham, A. e Schofield. D. (2002a). Propriedades funcionais das gliadinas de trigo: 1. efeito nas caraterísticas de mistura e na qualidade do fabrico de pão. J. Cereal Sci., (35) : 299 : 306.

Khatkar, B.S; Fidot, R.J. Tatham, A. e Schofield, D. (2002b). Functional properties of wheat gliadins: Il effects on dynamic rheological properties of wheat gluten. J. Cereal Sci., (35) : 307 -313.

Kim, S. e D' Appolonia, B.L. (1997). Estudos sobre o endurecimento do pão.
Il. Efeito do teor de proteínas e da temperatura de armazenamento no papel do amido. Cereal Chem. (54) : 216.

Kitterman, J. S. e Rubenthalor G. L. (1971). Avaliação da qualidade da seleção de trigo de primeira geração com o teste micro A. W. R. C. Cereal Sci. Today, (16): 313 - 318.

Kusunose, C; Fujii, T. e maksumoto, H. (1999). Papel dos grânulos de amido no controlo da expansão da massa durante a cozedura. Cereal Chem., 79 (6) : 920-924

Larsson, A.K. (1993). Comportamento reológico da massa "cereais no fabrico de pão" Tecnologia alimentar, Centro químico Univ. de Lund, Suécia. Marcel dekker, Inc., New Yourk, Basel, Hong Kong. New Yourk, Basel, Hong Kong.

Levan. A; Tranthithu. H. e Jan. E. L. (2004). Digestibilidade ideal e total do trato em suínos em crescimento alimentados com dietas à base de farinha de raiz de mandioca com inclusão de folhas de batata-doce frescas, dray e ensiladas. Animal Feed Science and Tech nology, (114): 127 - 139.

Lysons, P.H.; Kerry, J.F.; Morrissey, P.A. e Buckley, D.J. (1999). The influence of added whey protein, carrageean gels and tapioca starch on the textural properties of low fat pork sausages. Meat-Science, 51(1):43 - 52.

Mabrook, E. A. (2000). Estudos tecnológicos sobre alguns produtos derivados de cereais. Tese de Doutoramento em Ciência e Tecnologia Alimentar, Departamento, Fac. of Agric. Univ. de Zagazig, Egito.

Malki, M; Hoseney, R.C. e Mottern, P.J (1980). Effect loaf volume, moisture content and protein quality on the softness and staling rate of bread. Cereal Chem, (5-7): 138 - 140.

Martens, H. e Russwurm, H. (1983). Food research and data analysis P. 90 Applied science publishers.

Martin, M.L; Zeleznak, K. J. e Hoseney, R.C. (1991).
Um mecanismo de endurecimento do pão 1- Papel do inchaço do amido. Cereal Chem. 68 (5) 498-503.

Masoud, M.F. (1997). Utilização de farinha de cevada na produção de alguns produtos de pastelaria e aperitivos. Tese de Mestrado em Ciência e Tecnologia Alimentar, Departamento, Faculdade de Agricultura, Universidade do Cairo, Egito.

Mobarak, E.A., (1995) . Estudos tecnológicos sobre alguns produtos derivados de cereais. Tese de Mestrado em Ciência e Tecnologia Alimentar, Departamento, Fac. de Agricultura, Universidade de Zagazig, Egito.

Montgomery D. C. (1984) . Experiências para comparar vários tratamentos: A análise de variância. In: Design and Analysis of Experiments pp, 43-80 (7th end) John wiley, New Yourk, USA.

Morgan, J. E. e Williams, P.C. (1995). Danos no amido em farinhas de trigo: uma comparação de técnicas enzimáticas, iodométricas e de reflectância no infravermelho próximo. Creal Chem., 72 (2): 902-912.

Mosha, T. C. E; laswai, H. S. e tecens, I. (2000). Composição nutricional e estados de micronutrientes de alimentos caseiros comerciais para desmame consumidos na Tanzânia. Plant Foods for Human Nutrition, 55 (3): 185: 205

Mousa, E. I; Ibrahim, R. H; Shuey, W. C. e maneval, R.D. (1979). Influência das classes de trigo, extração de farinha e método de cozedura no pão egípcio Balady. Cereal Chem., 56 (6): 563 - 566

Muzanila, Y. C; Brennan, J. G. e king, R.D. (2000).
Cianogénios residuais, composição química e aflatoxinas na farinha de mandioca de aldeias da Tanzânia. Food Chemistry,(70) : 45 : 49.

Obilie, E.M; Tano-Debrah, K. e Amoa Awa, W. K. (2004).
Azedação e decomposição de lados de cyonogenicglaco durante a transformação

de mandioca em akyeke. International Journal of Food Microbiology, (93): 115: 121.

Oboh, G. e Akinanansi, A. A. (2003). Alterações bioquímicas em produtos de mandioca (farinha de gari) submetidos a fermentação em meio sólido por Saccharomyces cerevisae. Food Chemistry (82): 599: 602.

Okafor, P.N. (2004). Avaliação da sobrecarga de cianeto em populações consumidoras de mandioca da Nigéria e teor de cianeto de alguns alimentos à base de mandioca. Jornal Africano de Biotecnologia, 13 (7): 358 - 361.

Olatunji , O. e Akinele, A. I. (1978). Propriedades reológicas comparativas e qualidades de pão da farinha de trigo diluída com farinhas de tubérculos tropicais e de fruta para pão. Cereal Chem, 55 (1) : 1-6.

Omar, A.M. (2005). Produção de noodles a partir de diferentes farinhas de várias extracções. Tese de Mestrado em Ciência e Tecnologia Alimentar, Departamento, Faculdade de Agricultura, Universidade de Banha, Egito.

Onweluzo, J. C. and Iwezu, E. N. (1998) Composition and characteristics of cassava, soybean and wheat, soybean biscuits. Jornal de Ciência e Tecnologia Alimentar, Índia, 35 (2): 128 - 131.

Padonou, W; mestres, C. e offinago, M. (2005). A qualidade de raízes de mandioca cozidas caraterização instrumental e relação com propriedades físico-químicas e sensoriais. Química de Alimentos, (89): 261-270.

Pereia, J; Ciacco, C. F; Vilela, E. R. e Texeira, A. L.(1999).
Amido fermentado na fabricação de biscoitos: fontes alternativas. Ciencia - E - Technologia - De - Alimentos, 19 (2): 287 - 293.

Piazza, L. e Masi, P. (1995). Redistribuição da humidade no pão de forma durante a cura e seu efeito nas propriedades mecânicas. Cereal Chem., (72): 320 - 325.

Pomeranz, Y. (1971). Interação das proteínas glicolipídicas no pão Bakers Dig, (45): 26.

Pomeranz, Y. (1978). Composição e funcionalidade dos componentes da farinha de trigo. Em "Química e tecnologia do trigo", editado por Pomeranz. Y. P. 585. Publicado pela Associação Americana de Químicos de Cereais. Em São Paulo, Minnesota.

Posner, E. S. e Deyoe, C.W. (1986). Alterações nas propriedades de moagem do trigo duro recém-colhido durante o armazenamento. Cereal Chem., 63 (5) : 451- 456.

Saleh, N.T. (1993). Produção de amido a partir de outra fonte de milho. Tese de Doutoramento em Ciência e Tecnologia Alimentar, Departamento, Faculdade de Agricultura, Universidade de Kanat El Ciwess, Egito.

Shafek, T. R. (1992). Estudo sobre as caraterísticas do pão de mistura. Dissertação de Mestrado em Ciência Alimentar, Departamento, Fac. de Agricultura, Al. Azhar Univ., Egito.

Sriroth, k; Rojanaridpiched, C; Vichukit, V; Suriyaphan, p e Oates, C.G. (2000). Situação atual e potencial futuro da mandioca na Tailândia. Documento apresentado no 6º Workshop Regional sobre mandioca. 21 -26 de fevereiro de 2000: Hoch, Minh city, Vietname.

Spss11.5 (2000). Computer Software, Statistical package for social science, ver., 11.5.

Stauffer, C.E (2000). Emulsionantes como agentes anti-incrustantes. Cereal Foods World, (45): 106: 110

Ston, H; Sidel, J; Oliver, S; Woolsey, A. e singleton, R. C. (1974). Avaliação sensorial por análise descritiva de quantidades. Tecnologia Alimentar, (28) : 24

Sych, J; castaigne, F. e lacroix, C. (1987). Efeitos do teor de humidade inicial e da humidade relativa de armazenamento nas alterações texturais dos bolos de camada durante o armazenamento. Journal of Food Science, (52) : 5.

Unver, E. M. e Domolds, C.E. (1976). Absorção de água da massa e da fração de farinha de trigo de primavera. Baker's digest 50 (5): 19. {C.F. Food Sci. Technal. Abst. 9 (6): 6M 605}.

Usal, H; Bilgicali, N; Elgun, A; Ibanoglu, S; nurherken, E. e kursat, M. (2007). Efeito da adição de fibra alimentar e da enzima xilanase nas propriedades selecionadas de bolachas cortadas em arame. Journal of Food Engineering, (78): 1074 - 1078.

Varavinit, S. e Shobsngob, S. (2000). Comparative properties of cakes prepared from rice flour and wheat flour. Investigação e Tecnologia Alimentar Europeia, 211 (2): 117 - 120.

Wang, F. C. e sun, X. S. (2001). Dependência de frequência das propriedades viscoelásticas do miolo de pão e relação com o endurecimento do pão. Cereal Chem., (79): 108 - 114.

Wanjekeche, E. W. e Keya, E. L. (1995). Utilização de polpas frescas de mandioca e batata-doce na panificação. Ecologia da Alimentação e Nutrição, 33 (4): 237 - 248.

Whit, C. A. e kennedy, J. F. (1981). Techniques in the life science, B3, B312/1. {C. F. Afefy, A. S. (1996). Analysis of Carbohydrates, publicado pela Fac. of Agric., Cairo, Univ.}.

Wilhoft, E. M. A. (1973). Mechanism and theory of staling of bread and baked goods, and associated changes in textural properties. J. Textural Stud., (4) : 292.

Zaki, A.A. (1995). Estudos nutricionais sobre a utilização de algumas forragens verdes na alimentação de ruminantes e coelhos. Tese de Doutoramento Departamento de Produção Animal, Faculdade de Agricultura, Universidade de Zagazig, Egito.

MIX
Papier aus verantwortungsvollen Quellen
Paper from responsible sources
FSC® C105338

Printed by Books on Demand GmbH, Norderstedt / Germany